H. DE LA BLANCHÈ

LA PÊCHE

AUX

BAINS DE MER

OUVRAGE ILLUSTRÉ DE NOMBREUSES GRAVURES

FIRMIN-DIDOT ET Cⁱᴱ

PARIS

LA PÊCHE

AUX

BAINS DE MER

TYPOGRAPHIE FIRMIN-DIDOT ET Cⁱᵉ. — MESNIL (EURE).

Fig. 1. — La pêche au filet.

H. DE LA BLANCHÈRE

LA PÊCHE

AUX

BAINS DE MER

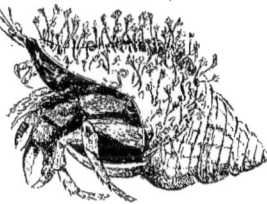

PARIS

LIBRAIRIE DE FIRMIN-DIDOT ET Cⁱᵉ

IMPRIMEURS DE L'INSTITUT

RUE JACOB, 56

LA

PÊCHE AUX BAINS DE MER

« La pêcherie n'est point une petite industrie, ne
simple et grossière. »

(Amyot.)

Une préface?

À quoi bon? mon titre n'indique-t-il donc pas
suffisamment ce que je veux traiter? *La pêche aux
bains de mer*, cela veut dire aux gens de loisir, qui
vont chercher sur les grèves une diversion à leurs
plaisirs ou à leurs fatigues de chaque jour, que
là, près d'eux, la pêche peut leur offrir un passe-
temps agréable à joindre à ceux dont ils jouissent
déjà.

La pêche aux bains de mer! cela veut dire que
chaque fois que je me suis trouvé sur une plage

habitée quelconque, j'ai entendu émettre autour de
moi ce souhait :

— Si l'on pouvait pêcher!

Et aujourd'hui je viens dire aux baigneurs :

— Certes! l'on peut pêcher; et je vais faire mieux
que vous donner cette assurance, je vais, — si
vous le voulez bien, — vous enseigner comment.

La pêche aux bains de mer! Ce sont de longues
heures de contemplation heureuse au bord de la
mer tranquille; ce sont des courses nocturnes à la
tombée de la marée; ce sont des stations pittores-
ques sur les rochers, sur les jetées... *La pêche aux
bains de mer*, c'est presque à coup sûr un bon panier plein de captures le soir, une soupe au poisson triomphante pour la table commune, les ova-
tions au pêcheur, les plaisanteries, les rires et même
une pointe de malice... C'est le plaisir, c'est la vie
des eaux, enfin!

Et sur ce, je commence, au hasard!

LA PÊCHE DES OFFICIERS

(petites espèces du genre *Gadus*).

La mer bleue meurt au loin sur les immenses
grèves, le sable brille au soleil, les baigneurs se
disputent les cabanes roulantes et chacun aspire au
bonheur de se plonger et de s'ébattre dans cette
eau bienfaisante qui rafraîchit ses membres fati-
gués. Pourquoi sur la digue ce promeneur égaré,
fuyant, dans sa marche oblique, la voie que le
beau monde parcourt? Que va-t-il faire seul, ou
en compagnie de quelques enfants de mariniers,
tandis qu'en face de lui les belles *miss* promènent
leurs toilettes impossibles et leurs incomparables
coiffures?

Ce qu'il va faire?... Il veut pêcher. Il prépare
ses lignes, et nous allons faire comme lui.

L'entrée du port forme, à Boulogne, comme une
rivière endiguée menant vers la mer : à chaque
marée, la direction du courant change, et on le
voit tantôt entrant, tantôt sortant, selon que la

mer monte ou descend. Ces mouvements de l'eau
ont pour effet de déplacer une énorme quantité de
matières nutritives amenée dans ces étroits espaces;
aussi le poisson se tient-il volontiers au milieu du
courant. Il s'agit de l'y aller chercher.

Si nous comparons notre fleuve semi-marin à
un de nos fleuves d'eau douce, la comparaison sera
certainement à l'avantage du second, car le pre-

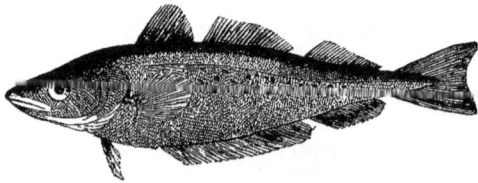

Fig. 2. — Le merlan vulgaire.

mier roule des flots peu azurés et d'une transparence plus que douteuse. La vase se dépose volontiers dans ces chenaux, et, sous l'action des
courants alternatifs, elle se met facilement en suspension. Heureusement l'eau est salée, le sel est
un antiputride, et le tout ne sent pas trop mauvais.

Malgré cela, tous les poissons ne sont pas capa-
bles d'habiter un pareil milieu : il faut y chercher

Fig. 3. — La pêche des officiers.

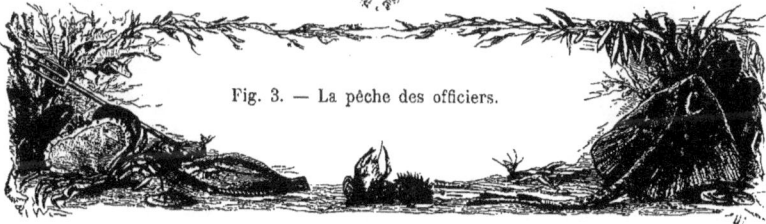

·des espèces rustiques, goulues, munies de fortes
nageoires, et au premier rang nous trouvons toute
la famille des *Gades*, depuis la morue jusqu'au
merlan. C'est parmi ses membres que nous ferons
nos captures; et rassurons le pêcheur restreint à
une seule famille de poissons : elle est nombreuse
en espèces et innombrable en individus.

Fig. 4. — *L'officier* ou capelan (*Gadus minutus*).

Les morues qui fréquentent l'entrée de nos
ports ne sont point les mêmes que celles que nos
marins vont pêcher à Terre-Neuve et qu'ils nous
rapportent ouvertes en deux et aplaties comme
vous savez. Ce sont de plus petites espèces, qui se
rapprochent beaucoup de celle que tout le monde
connaît et qui s'appelle *merlan*. Il y a là deux ou
trois générations de poissons presque identiques,
différant par un ou deux barbillons plus ou moins

longs et par leur couleur plus ou moins rousse. Le
peuple des pêcheurs leur a donné, en masse, le
nom d'*officiers*. Pourquoi? Je n'en sais rien.

Nous ferons comme les pêcheurs : nous nom-
merons toutes ces petites morues des *officiers*, et
nous tâcherons d'en prendre.

Rien de plus facile.

On se munit d'une solide cordelette de lin un
peu plus grosse qu'une forte paille : elle appro-
cherait de la taille d'un crayon qu'il ne faudrait pas
trop s'en plaindre; cette ligne aura une quaran-
taine de brasses de long. — Attention! J'ouvre
une parenthèse, — nous sommes *en mer*, il ne s'a-
git plus de parler le patois des pêcheurs de la
Seine, de la Loire ou de la Garonne, — nous
sommes en mer, il nous faut parler un langage
marin. C'est pourquoi les *mètres* deviennent des
brasses. Vous voyez? — Une *corde* devient une
ligne, et attendez..., ce n'est pas fini.

Mais comme avant tout il est bon de se comprendre, nous conviendrons que la brasse représente un mètre et demi environ. Ceci entendu,
marchons de l'avant, car il nous faut construire

notre ligne, notre *quipot*, comme on dit à Boulogne, et ce n'est pas difficile.

On fait choix d'une pierre grosse comme le poing, un peu en forme de 8, si l'on est assez heureux pour en trouver une : si l'on est riche, on fait emplette d'un plomb gros comme une forte noix. On attache l'un ou l'autre solidement à l'extrémité de la ligne. Puis on se procure une petite baleine pointue de 0^m,15 de longueur. Où? Pardieu! au premier parapluie venu. On prend celui de son voisin, de sa femme ou de son ami intime, on coupe *deux* baleines, — car il en faut deux, — à 0^m,15 de l'extrémité, et tout est dit. On possède deux excellents *quipots*. Surtout, gardez le petit bout façonné, c'est de beaucoup le meilleur; et ne coupez pas la baleine près de la monture... cela pourrait gâter le parapluie.

La petite baleine est, par vous, attachée à 0^m,30 au-dessus du plomb par une ligature en X qui fait qu'elle se tient à angle droit avec la ligne. Mettez la seconde baleine encore à 0^m,30 plus haut. Très bien!

A l'extrémité de chaque baleine vous attacherez, — en terme de pêcheur, je vous dirais par une *li-*

gature ou un *empilage,* — enfin vous attacherez
de votre mieux une boucle de fil de fouet ordinaire, — très bien ! — et dans cette boucle vous
passerez celle de l'empile en florence de vos hameçons. Cette petite manœuvre est facile à faire.
Vous passez la boucle de la baleine dans la boucle
de l'empile, vous passez l'hameçon dans la boucle
de la baleine, vous tirez l'hameçon, les deux bou-
cles s'enchevêtrent, et tout tient parfaitement.

Les empiles des hameçons auront quinze à vingt
centimètres de longueur.

Tout est prêt. Attention !

Il s'agit d'envoyer cette ligne dans l'endroit où
se tiennent les poissons, c'est-à-dire à trente,
quarante, cinquante pas de vous, dans le milieu
du chenal.

Vous commencez par attacher à votre poignet
gauche l'extrémité de la ligne opposée au plomb.
Ceci fait, vous *loverez* par terre, à vos pieds, toute
la ligne en commençant, bien entendu, par la
partie la plus rapprochée de votre poignet gauche,
puisque votre but, en la tournant ainsi sur elle-
même, — comme les câbles placés sur les bateaux,

— est qu'elle se déroule facilement. Ceci fait, vous saisissez la ligne à deux mètres à peu près du plomb, et vous lui imprimez le mouvement d'une fronde dont vous voudriez lancer votre plomb en guise de pierre. Bravo!

Seulement, vous vous y prenez à l'envers. Il faut qu'en tournant à côté de vous votre plomb décrive un cercle d'arrière en avant, de sorte que quand, descendant de la hauteur de votre tête derrière vous, il viendra vers vos jambes pour remonter en avant, vous lâchiez tout. Le plomb partira alors de bas en haut comme une petite bombe. Il décrira une gracieuse parabole en s'élevant devant vous, entraînera toute la corde qui se déroulera sans se mêler, et il ira tomber au milieu du chenal.

Eh bien!... Il y est, mais je ne vous ai rien fait mettre sur votre hameçon, pardonnez-moi, c'est un oubli; on ne peut pas être partout à la fois. Vous y mettrez tout ce que vous voudrez. Du poisson cru, des crevettes crues, du homard cru, etc., etc. Mais comme je veux que vous ne dépendiez que de vous-même pour réussir, je vais vous indiquer, ô pêcheur, le meilleur de tous les appâts possibles pour cette pêche.

C'est le crabe *mol*.

— Crabe mol? Pourquoi ne dirait-on pas crabe mou?

— Parce que la couleur locale s'y oppose. Le crabe *mol*, c'est le pain béni des enfants de Boulogne; le crabe *mol?*... mais sans crabe *mol*, pas de pêche!

Et maintenant, qu'est-ce que le crabe *mol?*

Naturellement ce doit être celui qui n'est pas dur : et celui qui n'est pas dur doit être celui qui change de carapace. Car vous savez, — ou vous ne savez pas, — que tous les crustacés ne peuvent grandir que pendant les quelques jours où ils réussissent à changer de cuirasse. Or, comme ils ont parfaitement conscience qu'ainsi désarmés ils sont facilement *assimilables*, ils se cachent avec grand soin sous les pierres, entre les rochers, partout où une petite cavité leur semble promettre le repos et la sécurité. Ce sera donc là, pêcheur, où vous devrez aller chercher les crabes *mols*.

Une fois pris, on les met dans un sac de toile; — il n'est pas défendu d'y mettre aussi les crabes durs que l'on rencontre, mais non tous, tant s'en faut! Le vrai crabe bon pour la pêche, — et nous aurons bien souvent occasion de nous en servir, — c'est le *crabe franc* ou *tourteau*. Hors de là, pas de salut; et surtout ne prenez pas le *crabe enragé*, ces araignées vertes, coureuses de la plage : avec lui vous ne feriez rien, à moins que le hasard ne

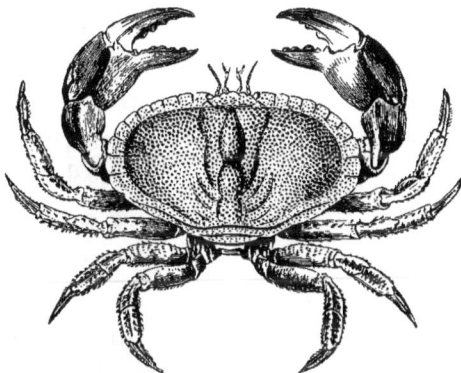

Fig. 5. — Crabe franc ou tourteau (*Cancer pagurus*).

vous fît tomber sur une morue enragée elle-même. Les officiers le sont quelquefois.

En vérité, je suis désolé de vous faire un véritable cours de crabe; mais si je ne le fais pas, qui le fera? Si je ne le fais pas, qui vous sauvera des erreurs et des désillusions? Donc je le fais.

Vous me regardez d'un œil inquiet : je vois que vous désirez savoir. Qu'est-ce qu'un crabe *franc?* O mon Dieu, à quoi reconnaîtrai-je qu'il est sans détours et naïf comme une jeune fille? Seigneur, guidez-moi!

J'ai toujours pensé que l'homme n'en savait pas plus long que les autres animaux, puisqu'il a les mêmes goûts qu'eux. Et je le prouve, puisque le crabe franc que réclament messieurs les officiers est précisément le même que celui que nous avons déclaré comestible et au moyen des intestins duquel nous préparons, - - y compris la moutarde, — une sauce de qualité supérieure pour déguster la première queue de langouste venue.

Nota : On peut ajouter, sans inconvénient, au ragoût les pattes d'un homard ou de plusieurs.

Attendez : je me rapproche du crabe franc, sans détour. Les naturalistes ont profité de la fréquentation des plages normandes pour donner au crabe franc le nom de *tourteau,* sous lequel il est connu et digéré dans le pays des bonnets de coton. De plus, ils ont prétendu que, pour bien s'y reconnaître il fallait le baptiser : *cancer pagurus,* et ils l'ont ainsi baptisé. Et voilà pourquoi on continue, qui à le nommer *crabe franc,* et qui à l'appeler *tourteau.* Vous ferez comme les autres.

Une fois dans le sac, vous le sortez au moment utile, vous le prenez bien délicatement et vous le coupez en quatre. Comme vous avez deux hameçons à fournir chaque fois, cela suffit pour deux tours. Et voilà comment on se sert du *crabe mol!*

La ligne à l'eau, vous la tournez une fois autour de votre index, et vous attendez patiemment; vous pouvez fumer... et même vous asseoir. Au moment où vous ne pensez plus à rien, vous recevez dans la main une secousse semblable à celle que produirait un voisin qui prendrait votre doigt pour un cordon de sonnette. Ne vous effrayez pas! c'est une morue qui vous avertit qu'elle commence à goûter. Vous laissez faire, bien entendu, et au moment où vous vous apercevez qu'elle tire trop fort et qu'elle pourrait vous couper le doigt, vous lui répondez par un petit coup sec, — à seule fin de lui faire pénétrer l'hameçon dans la mâchoire, — et vous l'amenez délicatement à vos pieds, et de là dans votre sac.

Telle est la pêche à l'officier. On prend facilement une douzaine de ces messieurs, de $0^m,40$ de long, dans son après-midi.

Avis aux amateurs!

Fig. 6. — La pêche du mulet.

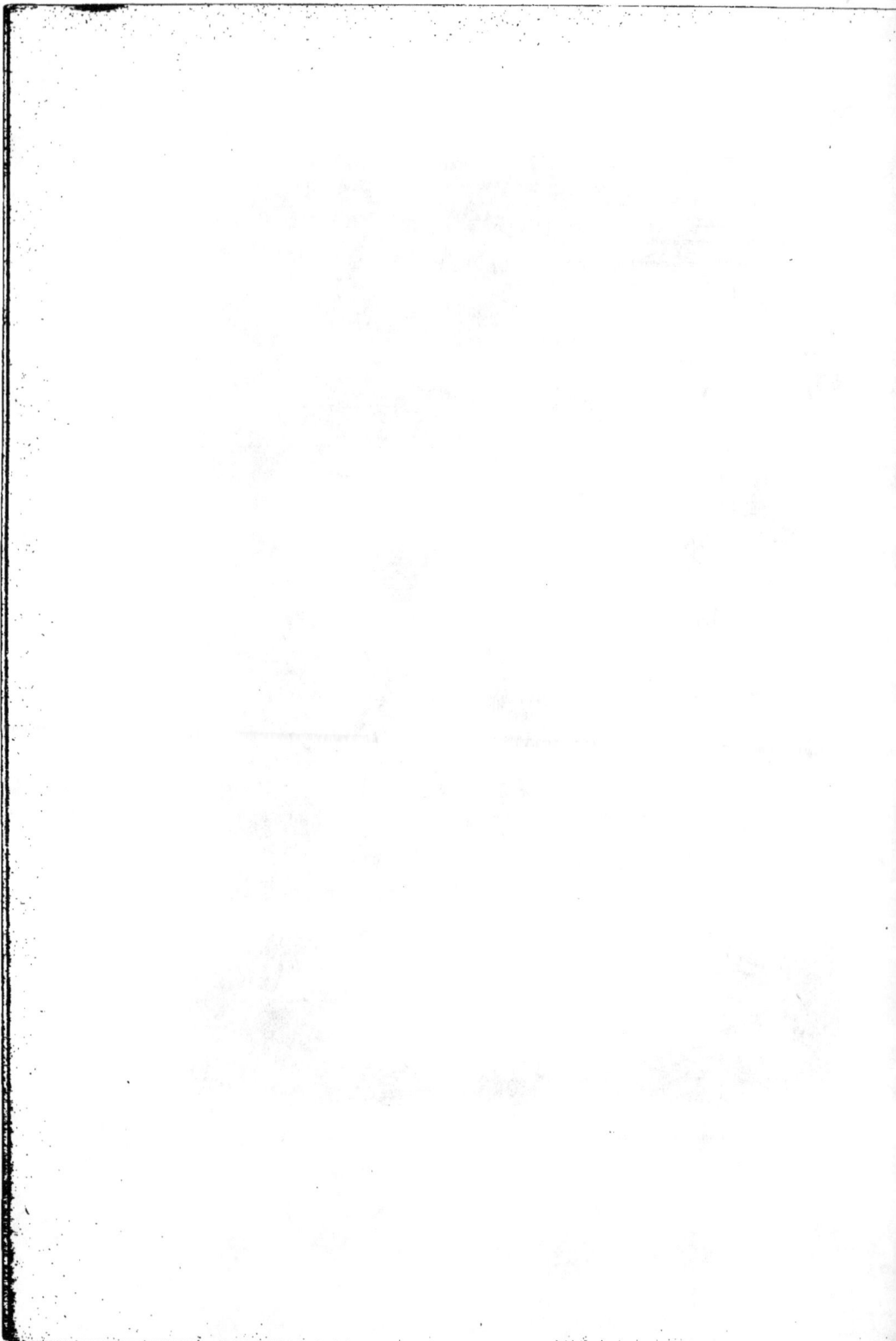

LE MULET

(muge, *mugil*).

Le mulet est un beau poisson argenté, moiré de
bleu, et dont les flancs semblent parcourus dans
toute leur longueur, des ouïes à la queue, par
des bandes miroitantes plus foncées. Ces bandes
sont formées par les rangées de ses grandes écailles,
bombées au milieu et peu solides, car elles s'attachent facilement aux doigts quand on prend ce
poisson. Lorsque nous disons le mulet, nous fe-
rions mieux de dire les mulets, car nos côtes de
France en connaissent cinq ou six espèces. Les
mers du Midi en contiennent plus que nos rivages
septentrionaux. Ainsi, à l'embouchure du Rhône,
dans les étangs salés du rivage méditerranéen, on
compte au moins quatre espèces de mulets bien
distinctes. On les retrouve encore dans la Garonne,
tandis que dans la Manche il n'y en a plus que
deux.

Le mulet accomplit dans les ports, sur les côtes,
à l'entrée des courants, entre les rochers, dans les

criques et les petits golfes où se joue la mer,
parmi les terres, le rôle que le *chevesne* est occupé
à remplir dans les rivières d'eau douce, auprès
des ponts, des jetées et des digues de moulins.

L'un et l'autre sont les *nettoyeurs des eaux*.

Fait digne de remarque! La conformation générale des deux poissons est semblable : leur couleur argentée indique des poissons de surface, des
habitants quasi du royaume de l'air et du soleil.
Tous deux ont la tête grosse; le chevesne a la
bouche plus grande, mais le mulet l'a munie d'un
sillon curieux, contre lequel il broie les insectes
et crustacés flottants dont il se nourrit. Au lieu du
sillon labral, le chevesne a ses redoutables dents
pharyngiennes : l'un vaut l'autre. Tous deux présentent des nageoires dorsales peu développées,
une queue fourchue et puissante. Tous deux, —
véritables baromètres, — suivent les saisons et les
heures du jour dans leurs évolutions différentes. En
été, à midi, vous les verrez à la surface des eaux
échauffées, évoluant hardiment et gracieusement
à la recherche des insectes : vienne le soir, la
fraîcheur, tous deux descendent plus profondément. Arrive l'hiver, le temps des grandes eaux
et de la froidure, ils gagnent l'un et l'autre les

grands fonds, et ne reparaissent plus qu'avec le soleil au moment du renouveau.

Mêmes mœurs : eaux différentes; même robe, même pêche.

Le mulet marche la plupart du temps en troupes, peu nombreuses il est vrai, mais il est rarement seul : le chevesne est de même. Le mulet est vif : ses mouvements sont si rapides que, dans les ports où on le pêche, il s'accroche quelquefois à l'hameçon par le ventre ou toute autre partie du corps, ce qui s'appelle, -- entre habitués du port de Dieppe, — un *mulet volé*. Il est méfiant : si une barque s'approche, si un maladroit a laissé retomber à l'eau un des individus de la tribu piqué par l'hameçon, si un imprudent, mal monté, s'est fait briser sa ligne par un des pères conscrits de la bande avec tout le tapage que cette cérémonie produit quand un fort poisson bat l'eau au bout d'une ligne..., il plonge, fuit et disparaît...

On dirait alors qu'un secret conciliabule s'est tenu dans les profondeurs de l'onde amère. Personne ne mord plus! Indifférent aux esches les plus séduisantes, maître mulet se promène grave-

ment aux pieds des pêcheurs, happant de ci, de
là, les bribes de substance qui flottent à la surface
de la mer, mais sans toucher ni ver ni gravette.

Patience! patience! Il faut attendre qu'il veuille
bien se remettre à mordre, cela demande quelquefois beaucoup de temps.

N'oublions pas, pêcheurs, que le mulet, sous
son apparence légère et folâtre, est un poisson
fort, qui se défend bien, dont le coup de queue
est à redouter pour les montures; je ne puis
mieux le comparer qu'à la *truite* ou plutôt à l'*ombre,* car il ne se défend pas très longtemps, surtout quand le pêcheur tient au bout de sa ligne
un *mulet volé :* il faut dire aussi que dans ce cas le
pêcheur est toujours volé lui-même, car la résistance qu'oppose le poisson dans cette circons-
tance est telle que son poids paraît cinq ou six
fois plus grand qu'il n'est en réalité.

« Gracieux dans ses mouvements, dit M. de
« Savigny, élégant dans sa forme, le mulet n'a
« pas l'horrible aspect de la plupart des poissons
« de mer. Il est allongé et tient le milieu entre
« le *gardon* et le *meunier;* — les Anglais le com-
« parent à la *vandoise;* nous trouvons le mulet plus

« massif et plus trapu : — blanc de corps et sous
« le ventre, plus foncé sur le dos, il porte là,
« longitudinalement de la tête à la queue, une
« bande d'un vert noirâtre. »

Si maintenant nous continuons notre description d'après Yarrell, nous verrons que la tête

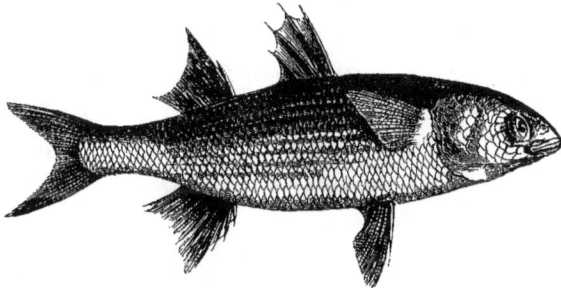

Fig. 7. — Le mulet commun, ou muge céphale (*mugil capito*).

du mulet est presque carrée, plate en dessus; le
nez est camard et les lèvres épaisses. Il n'a pas
de dents; seulement la lèvre supérieure est un
peu en râpe, ainsi que la langue. La pupille de
l'œil est noire, entourée d'une étroite ligne d'argent. Revenons aux flancs pour rappeler qu'ils
portent chacun cinq raies obscures allant de la
tête à la queue du poisson. Cette dernière est très
fourchue. Les écailles, blanches, rondes, larges
et caduques, s'attachent abondamment, nous l'a-

vons dit, à la main du pêcheur alors qu'il saisit
sa capture.

Si j'ai donné cette minutieuse description du
mulet, c'est que peu de pêcheurs le connaissent
bien : on le trouve décrit dans la plupart des traités
anglais de pêche à la ligne, peu, sinon point,
dans les nôtres, si bien faits qu'ils soient. Cela
vient de ce qu'en France on sait peu pêcher de
cette manière ce poisson, dont cependant la capture est charmante, et dont la prise n'offre pas
de difficultés plus grandes que celle de la truite
ou de tout autre poisson fin.

C'est à Dieppe que nous avons fait cette pêche
avec le plus de succès, et c'est dans ce port
qu'elle rencontre le plus d'adeptes. Ajoutons de
suite que le mulet y est commun; mais nous
l'avons vu en masses compactes dans nos ports
bretons sans que jamais personne ait songé à lui
tendre une ligne. A Dieppe, il parcourt le port à
flot, vient à l'eau fraîche quand la mer montante
touche, en s'élevant, le côté extérieur des portes
d'écluse fermant le bassin; quelquefois il est si
abondant que l'eau en devient argentée. Aussi le
bataillon des pêcheurs se montre-t-il à des places
différentes suivant le flot, suivant l'heure, suivant

la bizarrerie du poisson. Tout cela est inconstant comme le vent et la mer! Les uns sont sur le quai, les autres à bord des navires; ceux-ci en canot, quelques-uns à la bouée centrale. Pendant l'heure qui précède l'ouverture des portes, autour de l'écluse, ils sont là cinquante, groupés en masse, sollicitant la chance, car tous les jours ne sont pas bons, tous les endroits ne le sont pas non plus.

Pourquoi! On n'en sait rien.

Ici, on a fait hier bonne pêche, aujourd'hui on ne prend rien. C'est le voisin qui a la chance.

Le mulet, avouons-le, est plus capricieux qu'une femme! — Ce n'est pas peu dire.

Août et septembre sont les bons mois. Or en septembre le capitaine Despré, un habile, — ou un heureux, — a pris en une marée, c'est-à-dire en deux heures, à peu près *cent* mulets.

Est-ce assez? — Non.

— Eh bien, un plus habile encore, — ou plus heureux comme vous voudrez, on confond souvent l'un avec l'autre, — le fameux Ravenot a pris en

septembre, en pêchant des deux mains, dans une
journée de deux marées, quatre-vingts livres de
mulet.

Est-ce assez, cette fois?

Et maintenant, jeunes adeptes, rappelez-vous
que *quarante mulets,* même petits, sont une jolie
marée pour un amateur, et que M. R. de Savigny,
— dont je pille les notes manuscrites avec l'as-
sentiment de ses fils, mes excellents amis, — a
pris, en août 1852, en quinze jours, de quoi remplir deux petits barils de mulets, qu'il s'amusait
à mariner!

A l'œuvre donc! et canne au vent!

Mais avant de voir *comment* on pêche le mulet,
m'est avis de dire *avec quoi* on l'attire; le reste,
après, ira tout seul. Le mulet, dit F. Buckland,
mord à toute espèce de vers de terre, de mer, de
vase, etc. Cependant celui qu'il préfère est le
ver rouge. A Dieppe, l'appât qu'il recherche est,
au contraire, une annélide blanche, que l'on appelle *capeleuse,* ailleurs *gravette,* etc., etc., et que
les gamins vont vous ramasser dans les sables vaseux recouverts par l'eau de mer. Cette recherche
a lieu surtout à la retenue du Pollet.

La capeleuse vit rarement plus de vingt-quatre heures; elle est molle, tendre et difficile à conserver : il faut la tenir au frais au milieu du sable fin, dans une boîte en bois et non en fer-blanc. On trouve sur la route de Martin-Église, au bas de la côte qui domine la retenue, une sorte de terre jaune qui la conserve bien. C'est que c'est là un point difficile : la capeleuse est précieuse; si vous arrivez au port sans esche, personne ne vous en donnera. Comme la pêche ne dure quelquefois que dix minutes, un quart d'heure, une demi-heure, c'est comme lors d'un coup de feu, chacun garde ses munitions.

Cette amorce se pique d'abord vers la tête : il faut la percer de part en part avec l'hameçon avant de l'enfiler longitudinalement, afin qu'elle tienne mieux et résiste aux efforts du mulet, qui autrement l'emporte du premier coup.

Il nous est bien facile maintenant d'indiquer comment on pêche le mulet, en disant en quelques mots que la ligne et la canne ordinaire sont parfaitement bonnes. On pêche avec ou sans flotte, suivant son goût et son habileté : on pêche au doigt même, sans canne, et ce n'est pas la moins bonne manière. A Dieppe, on met deux hameçons à la ligne, et quoique le fond à donner varie à chaque fois et dépende de la profondeur à laquelle se tiennent les mulets, il ne diffère pas beaucoup de un mètre. On prend des n°s 6 et 7. Il faut les monter *absolument* sur crin ou florence *blancs :* on les empile de soie *blanche.* La ligne que je préfère est celle de crin, et elle se termine par *trois* crins seulement; jamais de florence, à plus forte raison jamais de soie.

Les lignes que l'on emploie en Angleterre sont les mêmes que celles qui servent à prendre les petits *gades, lieux* et *officiers :* elles sont montées de trois ou quatre hameçons n° 5 : là-bas, les mulets mordent avidement à tout ce qui a la forme d'une esche : « aussi, dit Buckland, se prennent-« ils souvent trois ou quatre à la fois; c'est pour-« quoi tous les engins doivent être très solides, « car ce poisson est fort pour sa taille, et lutte « violemment une fois qu'il est pris. L'hameçon « sera bien caché, et l'on ne laissera saillir que « très peu d'amorce, autrement le mulet la sucera « et l'emportera. On se sert quelquefois des *as-« ticots* pour appât, et le mulet y mord avec vo-« racité; on en met trois ou quatre sur un ha-« meçon n° 5. La pêche de fond, qui n'est pas la « moins bonne pour ce poisson, doit se faire en

« bateau, car le mulet nage généralement par un
« fond qui varie de une à cinq brasses. Si l'on
« emploie une flotte, il faut deux hameçons au
« moins, le premier à 0^m,15 du fond et le
« deuxième à 0^m,20 au dessus du premier. L'huître
« est, dit-on, aussi un excellent appât, mais, vu
« le prix de ce mollusque, le pêcheur qui s'en
« sert paye ses mulets beaucoup plus qu'ils ne
« valent. Après tout, cela est affaire de goût! A
« la marée montante on prend aussi le mulet
« avec des *mouches artificielles* moyennes; cela
« dure une heure ou deux tout au plus, mais
« cette pêche est très amusante, car le poisson
« chasse bien à ce moment. »

Nous voulons terminer nos réflexions et pré-
ceptes par l'examen des cas particuliers que présente cette pêche, en somme délicate et difficile,
mais surtout intéressante au plus haut degré par
son imprévu et les péripéties qu'on y rencontre.
Nous avons écrit que le mulet était capricieux; il
l'est plus qu'on ne saurait le dire : aussi le pêcheur
consciencieux apportera-t-il tout le soin possible
dans l'équilibre de sa flotte, du plomb, de la
ligne, etc., etc. Malgré cela, le poisson malin qu'il
poursuit ici lui fera encore bien des tours : ainsi
on a remarqué que les gros et les petits mulets

ne mordent pas à la fois; quand les uns donnent,
il est rare que les autres ne s'abstiennent pas.
Pourquoi? Aucun pêcheur ne le sait encore.

Il n'est pas jusqu'à l'attaque du poisson qui ne
varie. Lorsque la mer est calme, lorsque le mulet
chipote, si la ligne n'est pas assez plombée ou si
elle l'est trop loin des hameçons, le mulet au lieu
de piquer *relèvera* la flotte par un coup analogue
à l'attaque de la *brème*. Mais ici ce genre d'attaque
offre plus d'inconvénients. Comme le toucher du
mulet est excessivement fugitif, quand il *relève à
plat*, la ligne prend un peu de *mou;* vous ferrez...,
il est déjà loin. Le relevage à plat a souvent lieu
quand le poisson attaque l'hameçon supérieur, attaché à l'empile du premier et par conséquent non
plombé directement; c'est pourquoi beaucoup de
pêcheurs parmi les meilleurs, — je n'ose me
compter du nombre, — ne mettent jamais qu'un
hameçon à leur ligne.

Pour moi, d'ailleurs, cette règle n'a pas d'exceptions, ni en eau douce ni en eau salée.

La forme de la flotte n'est pas non plus indif-
férente avec un poisson à l'attaque aussi délicate.
Quelques pêcheurs emploient des flottes en tou-

pie; nous, nous les préférons en plume, horizontales, aussi délicates que possible et chargées de manière à trébucher au moindre mouvement; si la mer devient plus houleuse, on prend la toupie, mais seulement à la dernière extrémité.

Et maintenant quelques remarques générales.

La brume ou le brouillard sont généralement nuisibles.

Le vent est très important : les meilleurs sont N., N.-E., N.-O. Le S. et l'O. sont de mauvais vents pour Dieppe.

Une grosse pluie avec bon vent est excellente.

Un flot léger vaut mieux que le calme.

Au gros flot, pêcher à la main sans canne.

Un mot, en terminant, sur la confusion répétée et enracinée du *mulet* et du *mulle*, afin que nous n'y revenions jamais et que nous nous entendions bien avec les pêcheurs amateurs qui voudront lire ces lignes : le mulet dont nous parlons, et dont la robe est grise plus ou moins foncée, mais *jamais rouge* ni même rousse, est un *muge* (mugil), tandis que l'on donne souvent le nom de mulet à un poisson rouge à tête arrondie et busquée en avant, à côtés argentés, à deux barbillons blancs sous la lèvre inférieure, qui est un *mulle* (mullus).

Différents de famille, de couleur, d'habitat et de mœurs, ces deux poissons ne doivent pas être confondus. C'est le dernier, le rouge, que, sous le nom de *mulet* ou *surmulet,* les Romains affectionnaient, payaient des prix fous, et faisaient mourir sous leurs yeux avant de le manger. C'est là la source première de la confusion qui des noms est passée aux personnes.

Et, maintenant, pêchez et réussissez! Lo *mulot,* le vrai, donne quand septembre commence.

Fig. 8. — La pêche du bar.

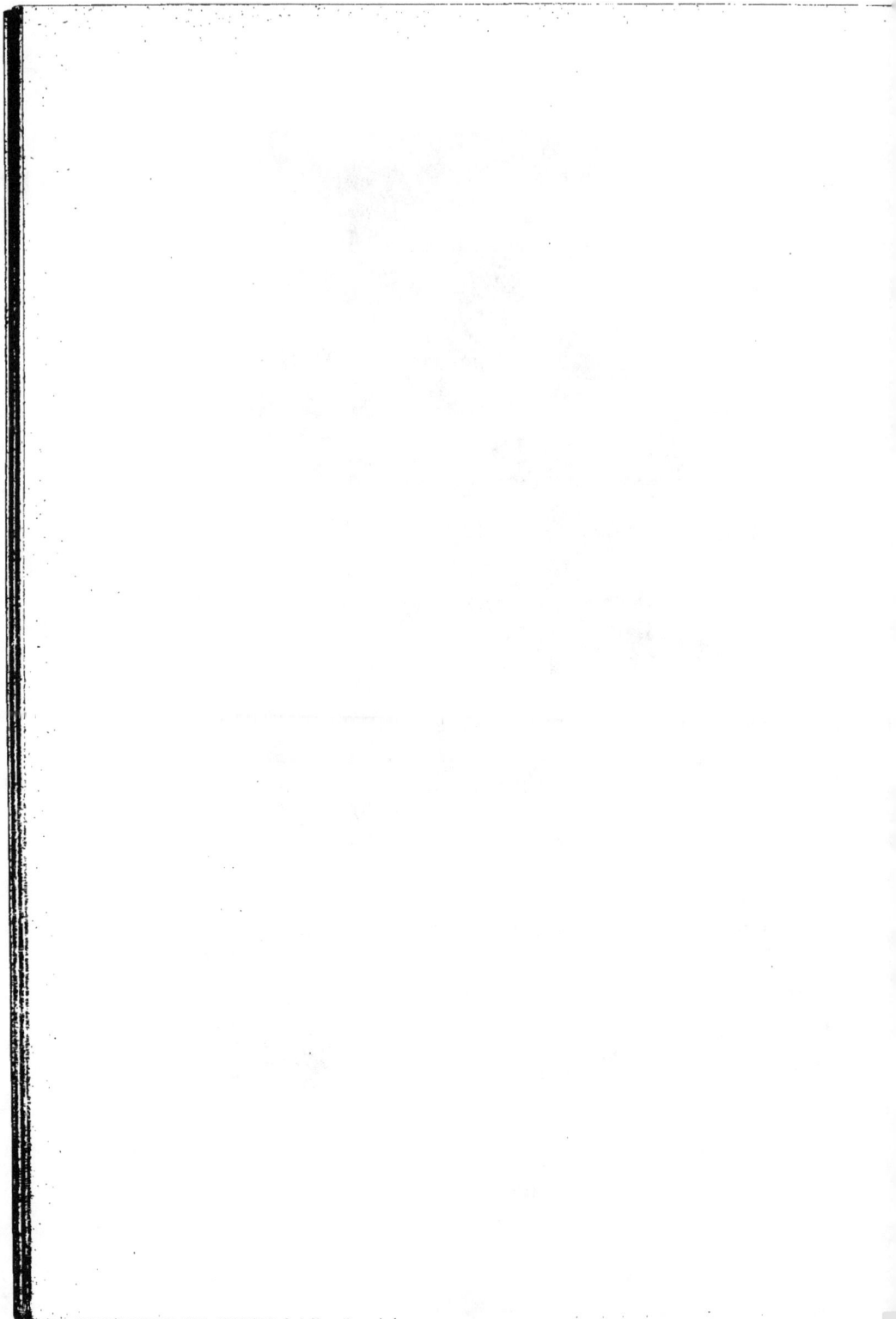

LE BAR

(loup, loubine, *Perca labrax*, L.).

Le bar est la perche de la mer.

Il est adapté, dans l'eau salée, aux mêmes besoins que la perche en eau douce : seulement ses proportions suivent celles de la masse d'eau dans laquelle il exerce son ministère. Tandis qu'une perche de o^m,5o de longueur est un phénomène pour nos eaux, un bar de 1 mètre de long n'est pas rarissime sur nos côtes. Cette différence dans la taille n'exclut nullement les rapprochements frappants dans l'organisation et les mœurs. Même voracité réfléchie, car l'un et l'autre chassent et mordent à certaines heures sans se laisser intimider par rien, tandis qu'à certaines autres, aucun appât, — si alléchant qu'il soit, — ne peut émouvoir leur gourmandise.

Le bar manque des nuages bruns qui font de la perche commune un poisson si facile à reconnaître. Sa robe, à lui, est argentée partout également. Ses

formes sont en même temps plus allongées et son
dos ne porte pas la bosse qui caractérise celui de
la perche : mêmes nageoires pointues et piquantes
cependant, même caudale vigoureuse et échancrée
faiblement.

Une des particularités les plus frappantes de l'organisation de ces *percoïdes* types, c'est qu'ils manquent de dents proprement dites : nous ne pouvons nous résoudre à donner ce nom aux bandes
de papilles cornées qui s'étendent en cardes sur
différentes parties de leur bouche : la perche, comme
le bar, a une bande de ces dents formant un che-
vron sur le *vomer,* une bande sur l'intermaxillaire
et une autre sur chaque côté du palais. A voir dans
les eaux les ravages de la perche ou du bar, tout
le monde s'attendrait à trouver leur bouche munie,
comme celle du brochet, de dents respectables;
il n'en est rien.

Or, ce n'est pas sans raison que nous venons d'é-
tablir ce parallèle détaillé : il nous donne la clef des
appétits de nos deux poissons, et quand on connaît cela, on est bien près de savoir pêcher les
animaux que l'on vient d'étudier. En effet, la den-
tition du brochet lui permet d'attaquer des poissons presque aussi gros que lui; pourvu qu'il puisse

les introduire dans sa gueule dilatée, ils passent
peu à peu, la queue sortant encore du gosier, tandis que la digestion fait disparaître la tête englou-
tie par l'estomac. Chez la perche, rien de semblable,
elle ne peut rien *retenir* avec ses dents en cardes :
elle doit *avaler*. Conclusion : elle ne peut s'atta-

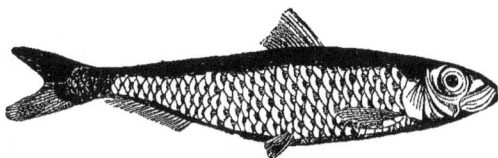

Fig. 9. — La sardine, la victime habituelle du bar.

quer qu'à des poissons *petits* comparés à son volume.

C'est ce qu'elle fait.

Les *vérons*, les *ablettes,* ces habitants sans nombre
de toutes les eaux douces, le frai des *gardons* et des
chevesnes, les *goujons* minuscules, toute cette myriade des petits habitants des herbiers et de leurs
abords, voilà sa nourriture favorite.

Et le bar?

Pour indiquer sa nourriture nous n'avons qu'à

recommencer le raisonnement que nous venons
d'appliquer à sa cousine la perche : pas de dents,
donc proie petite pour qu'il puisse l'avaler. Nous
verrons en effet le bar suivre constamment les
bancs de sardines et leur faire une chasse continue.
Peut-on appeler cela une chasse, alors que le goulu
n'a qu'à ouvrir la gueule pour que ses victimes
entrent dedans? Aussi le bar de la baie de Douarnenez, durant la saison des sardines, est si peu es-
timé qu'on ne le mange même pas : il est tellement
huileux que son goût devient détestable, c'est l'huile
de toutes les sardines dévorées qui s'est accumulée
dans sa chair.

Et cependant le bar, — quoique vivant de sardines et composant lui-même des troupes qui font
du pauvre petit *clupé* une si énorme consommation
que l'homme en est presque jaloux, — le bar, di-
sons-nous, n'est point regardé par les pêcheurs
comme un ennemi, pourvu qu'il y ait *beaucoup* de
sardines. En effet, lorsque les sardines sont abon-
dantes sur un fond, le bar dispose le poisson à ne
pas rester à la même place, et il le force à se livrer
à plus de mouvement, par la chasse continuelle
qu'il lui donne. C'est à peu près le même effet que
le brochet dans un étang vis-à-vis de la carpe. Or,
le mouvement des bandes de sardines est éminem-

ment favorable à la pêche, voilà pourquoi les pêcheurs pardonnent au bar la dîme qu'il prélève à
son profit.

Avec ce que nous venons d'apprendre, nous com-
prendrons très bien que quand maître bar n'habite
pas une rade à sardines, il se rabat sur les *blaquets*
et sur le *frai* de toute espèce de poissons qui passe

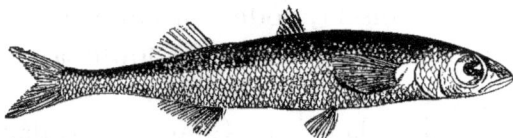

Fig. 10. — Athérine ou blaquet, un des *en-cas* du bar.

à sa portée. De plus, nous pouvons deviner que,
de même que nous n'irons point pêcher la perche
dans les grands fonds d'eau, où elle ne trouverait
rien à manger, mais bien vers les bords, où les petits poissons se tiennent toujours, de même nous
n'irons pas pêcher le bar ailleurs que près des rivages, et cela par les mêmes raisons absolument.

Si nous nous appesantissons un peu longuement
sur ce beau et bon poisson, c'est qu'il est, — pour
les touristes, — la victime d'élection en août et
septembre. C'est la plus belle capture des bains de

mer, et celle qui, étalée sur un énorme plat au milieu de la table commune, pose le mieux le pêcheur,
parce que ce poisson étant excellent et fort recherché, surtout quand il se montre de belle taille, tout
le monde donne au plat, et le vainqueur enchanté
ne voit revenir vers lui que les arêtes.

Son triomphe en ce cas est complet.

Le bar, répétons-le, rôde constamment près des
rochers. Cette remarque domine toute sa pêche. A
Cherbourg, dans la rade de Brest, dans la rivière
de Tréguier, dans la baie de Concarneau, dans celle
de Douarnenez, c'est là où il faut l'aller chercher. Aux Glenans, ces rochers curieux que l'on
baptise îles et qui forment un cercle de rochers
de granit en face de la haute mer de Bretagne,
le bar est si commun qu'il a donné son nom bre-
ton, *dreinec*, à l'un des îlots.

Ainsi donc, voilà qui est bien entendu : avec
des sardines, et au pied des rochers baignés par
la mer, la réussite est certaine, à moins que les
vents contraires n'aient éloigné les bars de la côte,
ce qui arrive quand le vent bat sur les roches, auquel cas on comprend que le séjour ne soit plus
tenable pour un poisson qui ne fait que passer et

repasser. Un point de différence, cependant, entre la perche et le bar : ce dernier se tient toujours *au fond,* la première entre deux eaux.

Le bar mord franchement s'il a faim. S'il chasse, rien n'est plus aisé que sa capture : il ne

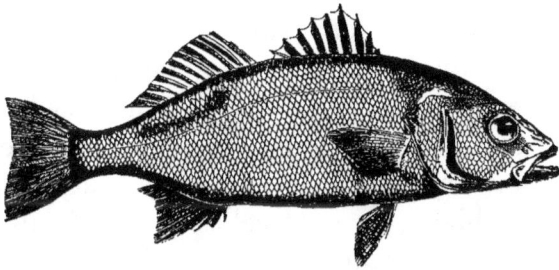

Fig. 11. — Le bar commun ou loup (*Perca labrax*).

chipote point. S'il n'a pas faim, il ne mord pas, et tout est dit.

Le pêcheur de bars doit s'armer de patience, et sous ce rapport la pêche de ce poisson n'est pas sans analogie avec celle de la carpe. Dans la rade de Brest, comme les rochers sont plats, il faut lancer la ligne fort loin pour rencontrer une eau suffisamment profonde. On emploie donc le même mode de lancement que nous avons expliqué pour la pêche des officiers. (V. ce chapitre.)

A Concarneau, au contraire, comme on trouve
des rochers qui s'avancent dans la mer et présentent de grands fonds d'eau à leur pied, on
pêche soit à la main, comme tout à l'heure, soit
à la canne, ainsi que nous l'expliquerons plus
tard.

Mais le soleil descend sur les flots, qui scintillent comme une immense surface argentée et tout
à coup se plissent sous la brise. A nos pieds, sur
les roches plates, où nous cherchons une bonne
place pour tendre nos lignes, passent de grandes
ombres mobiles : ce sont celles des goëlands qui
planent au-dessus de nos têtes, faisant face au
vent et guettant silencieusement les épaves de la
lame. Au loin, les barques rentrent dans le port,
poussées par le vent arrière qui balance leurs grandes voiles carrées et les penche sur le côté comme
s'il voulait les coucher dans les flots. Ce sont les
pêcheurs de sardines qui reviennent au rivage.

Plus près des rochers isolés, placés au large,
sont mouillées de toutes petites barques, qui semblent de gracieux oiseaux noirs endormis sur les
flots et bercés par eux.

Ce sont les pêcheurs qui tendent leurs lignes

pour prendre les *bars,* l'*aiguillette (orphie),* la *glazelle (sargue),* et les autres babitants des rochers, sans compter les *vieilles (labres)* et toute leur famille, ornée des plus brillantes couleurs. Alerte donc, ami pêcheur, faites comme eux! Pêchez, lancez vos lignes à la rencontre du bar vorace... C'est l'heure : la marée monte, la mer mugit, s'enfle, semble envahir le rivage... Les petits poissons gagnent les plages, recouvertes à nouveau, le bar les suit...

Pêchez! et nous, assis au vent, sur l'herbe rose de la lande, ou tapis dans le creux d'une roche, nous aspirerons le grand air salé, la brise du large, et nous écouterons le chant de la mer. Chant sublime, concert de clapotements, de grondements et de murmures sans nom! Baigne de ton écume les rochers chevelus de goëmon vert, ô mer! fais ruisseler sur leurs robustes épaules tes mille filets d'eau blanchissante; recommence éternellement ton œuvre intermittente, couvrant et délaissant alternativement cette ceinture de granit qui t'enserre depuis des siècles et que tu parviens cependant à briser et à fendre!

Allons, mer, ne mugis point autour de la ligne amie : laisse ton flanc robuste respirer à l'aise;

sois calme et propice au débutant! Permets au bar
vorace de rôder vers le pied des rochers : la sardine donne, la pêche a été fructueuse pour les
filets... A notre tour maintenant!

Et tandis que nous placions nos lignes, émus,
émerveillés devant la grande mer, que nous ai-
mons tant, nous comparions combien l'homme
est petit, quelle chétive créature il paraît, assis
sur ces rochers énormes dont la mer se fait un
jouet à ses heures. Leur surface paraît lisse, et cependant l'eau du ciel s'y arrête en minces flaques
brillantes dans lesquelles les petits oiseaux de la
lande viennent se désaltérer. Quelques maigres
brins d'herbe se glissent aussi dans les fissures du
granit et y poussent, nourris des grains de pous-
sières que le vent amène pour fixer leurs racines.
Puis la *lande* jette une graine féconde, et l'ar-
buste épineux a planté dans le roc ses robustes
racines. Un degré de l'échelle est franchi vers la
fertilité!....

Nous remettons aux mains du pêcheur la ligne
complète qui doit ramener la robuste perche de
la mer, et lui, le regard interrogateur, lève la tête
et nous demande des explications sur cet engin,
cependant bien simple.

Fig. 12. — Le Retour des pêcheurs.

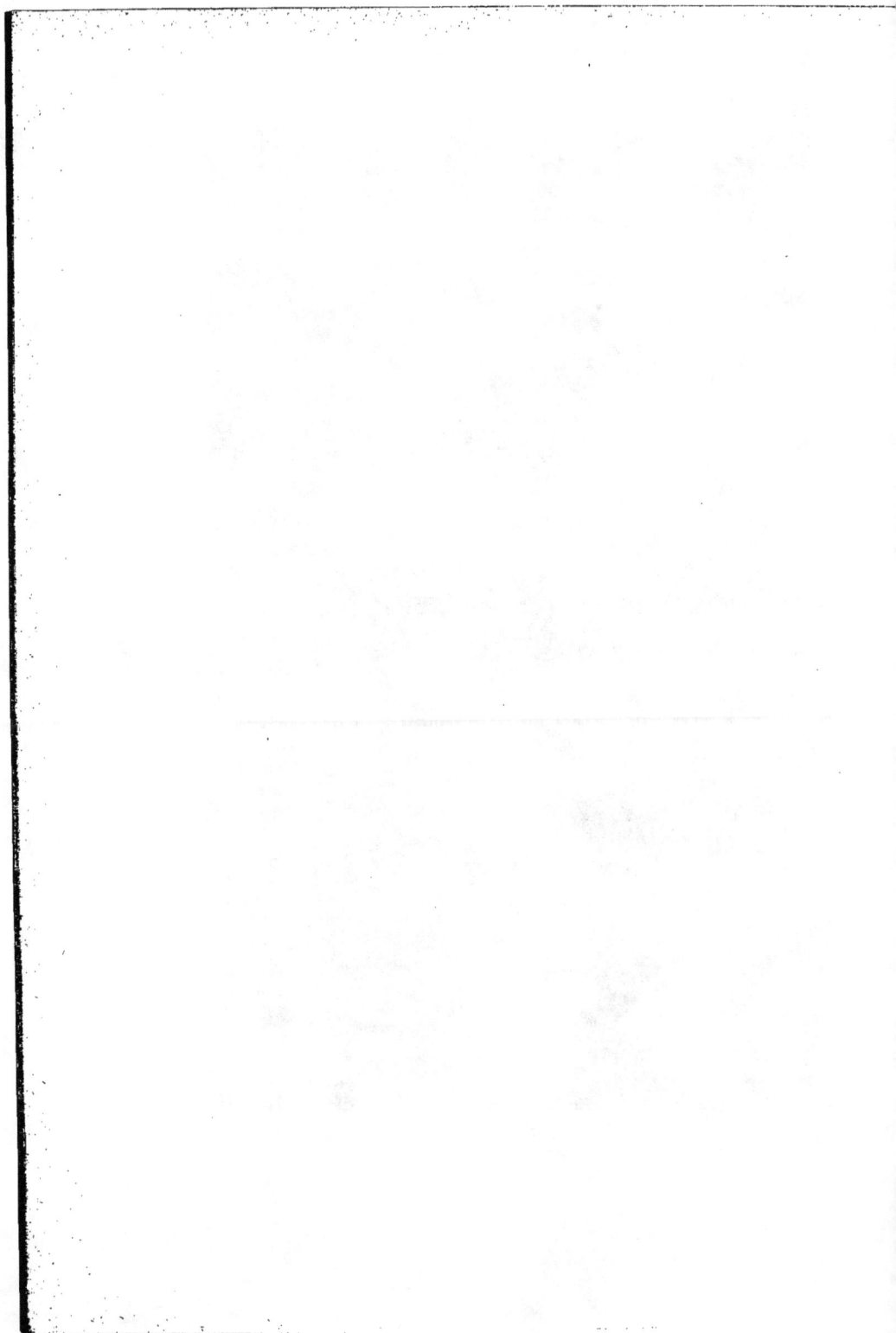

Avant d'aborder, ami, la confection de cette
ligne, constatons que le bar se défend bien; il faut
le ménager et le noyer avec soin. De plus, comme
il pèse beaucoup, l'intercession de sainte Épuisette est de rigueur, à moins de pêcher le bar
comme les matelots du pays avec un croc de
garde-manger et une corde à puits. Mais dans ces
conditions là on en prend moins...

A la ligne, à présent.

La meilleure sera faite en bon cordonnet de soie,
bien dévrillé dans l'eau, séché, puis enduit soi-
gneusement d'huile siccative ou de peinture, ainsi
que nous l'indiquerons plus loin, quand nous parlerons de la confection du bagage. Tout viendra
dans son temps!

Au pêcheur qui ne veut pas se donner le soin
de tout cela nous dirons : Achetez de la soie huilée, vous la trouverez chez les marchands : si elle
vous semble trop chère, achetez tout simplement
du fil de fouet de chanvre : il durera assez pour
vous amuser pendant toute la saison, et moyennant
quelques francs vous serez monté.

Cette ligne doit être terminée par une avancée

en *racine* de premier choix, double et tordue,
ayant au moins trois mètres de longueur. On la
remplace souvent, dans les ports de mer, par du
crin filé en vingt brins, et j'avoue que je suis tout
à fait de cet avis, parce que le crin n'a pas le
luisant de la racine, est plus élastique qu'elle, et
doit la suppléer partout où cela est possible. Les
pêcheurs ordinaires marchent ainsi au combat.
Moi, je l'avoue, j'y vais mieux armé.

En effet, sur dix bars que prendront les premiers, au moins six trouveront le moyen de broyer
l'avancée entre leurs dents en cardes, et une fois
coupée, — ce n'est pas long, — bonsoir!

Plus ils sont gros, mieux ils coupent l'avancée.

Toutes ces considérations, et beaucoup d'autres
accessoires que je n'ai pas le loisir de développer
ici, m'ont engagé à terminer mon avancée par
une *corde filée*, semblable à celle que l'on emploie pour la pêche du brochet : corde filée
que l'on trouve chez tous les marchands d'us-
tensiles de pêche, et que d'ailleurs on peut remplacer par un morceau de fil de laiton, mince,
flexible et bien recuit.

Aucun bar ne possède une pince capable de couper cela.

La gueule de ce poisson est grande, avons-nous dit : c'est vrai. Mais ce n'est pas une raison pour qu'on y introduise des hameçons de la grandeur de ceux qu'emploient les pêcheurs du pays. Nous mettons, nous, de bons limericks à palette n° 3, bien cachés dans le tiers ou la moitié d'une sardine — surtout la queue, — et laissant passer fortement la pointe de l'hameçon, puis nous attendons. Le bar arrive..., et avale le tout.

L'hameçon alors, au lieu de faire effort sur sa pointe contre les os de la gueule, ce qui le brise ou l'ouvre, s'engage en entier dans les téguments charnus du gosier ou de l'estomac, et tient de toute la force de son crochet. Aussi nous ne perdons jamais un de ces poissons : tout bar touché est un bar au panier.

On a soin de placer sur l'avancée de crin, au-dessus de l'empile, un plomb suffisant pour retenir la ligne à fond, et ne pas la laisser obéir au mouvement du flot, qui tend à *rouler* les objets déposés sur le sol, et qui alors emmêle le tout dans

les herbes ou insinue le plomb sous les pierres,
d'où l'on ne peut l'arracher. Il nous arrive de
mettre sur l'avancée un émérillon, et nous nous
en trouvons bien. Le bar a l'œil partout; il guette
en bas et voit en haut. Lors donc que la queue de
sardine traverse l'eau, généralement profonde, en
tournoyant, elle prend un aspect vivant qui al-
lèche le glouton, et fait que quelquefois il n'attend pas qu'elle ait gagné le fond : il la happe au
passage, et fuit avec elle.

Pêcheurs, souvenez-vous que le bar marche
ordinairement en troupes, je vous l'ai dit plus haut.
Si donc vous en avez pris un, ne quittez pas la
place, persistez, la troupe n'est pas loin; elle re-
viendra probablement.

Au coup tirant, ferrez dur et sec, le fil élastique
rendra toujours assez. Ne ferrez d'ailleurs que du
poignet et jamais du bras, ou bien vous déchi-
rerez la gueule de votre capture, fût-elle grosse
comme un requin... A ce malheur cependant
une consolation est attachée. Le bar est tellement
vorace que manqué une fois, piqué, déchiré
même, — s'il a faim, — il revient se faire prendre
au bout d'une demi-heure, rapportant au pêcheur l'hameçon du voisin ou quelquefois le sien,

engagé dans les chairs et le bout de la ligne pendant après.

N'oubliez pas ceci, le bar pèse beaucoup et
se défend bien!

Attention à la ligne! et du *liant* dans les mouvements.

Fig. 13. — La pêche des vieilles.

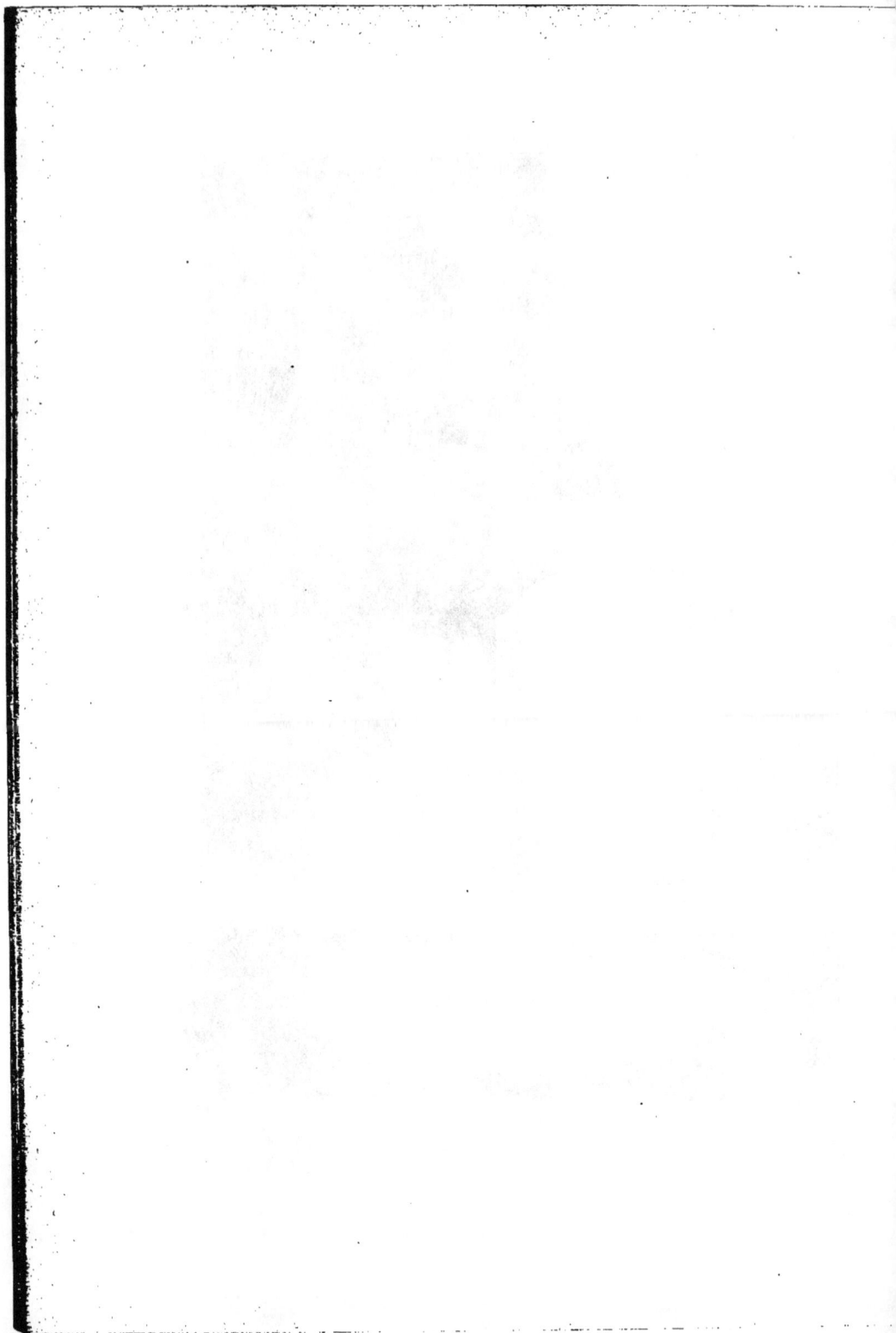

LES VIEILLES OU PERROQUETS DE MER

(labres).

Nous sortons de Brest par la porte de Recouvrance, et, traversant à gauche une partie des fossés, nous nous engageons dans le chemin qui domine les rochers et conduit au phare de Porzic, à l'Aiguade, en contournant l'anse de la Ninon. Nous sommes au mois d'août, le soleil brille, la mer au loin se montre d'un bleu vert sombre, des moutons d'écume blanche courent à sa surface et disparaissent dans les plis creusés par une légère brise. A nos pieds, où se perdit le vaisseau qui donna son nom à cette côte inhospitalière, la vague arrive brune et pâle, roulant des varechs noirs, jaunes, verts, qu'elle arrache au fond et dépose au milieu de l'écume sur les galets qu'elle fait cliqueter en se retirant.

A voir cette eau de la rade, si calme au milieu, si battue le long des rivages, le pêcheur inhabitué croit difficilement à l'abondance des poissons : il faut, comme à un nouveau saint Thomas, les lui

faire toucher du doigt pour qu'il ne s'étonne plus
désormais du chaos mouvant et perpétuel au
milieu duquel vivent et se plaisent la plupart
des habitants de la mer.

Mais nous marchons toujours : les navires vont
et viennent au loin dans la passe du goulet, faisant
jaillir sous leur avant de blanches gerbes d'écume :
leurs longues voiles blanches s'éclairent au soleil,
qui y découpe de grandes ombres portées, mar-
quant le creux que forme la puissance du vent.
Les voiles tournent autour des mâts pour s'o-
rienter et semblent, — on l'a dit avec raison, —
les ailes immenses de grands oiseaux de mer. Le
modèle, au reste, se trouve auprès, il est partout;
des bandes de mouettes vont, viennent, se balancent, plongent, s'élèvent et décrivent leurs méan-
dres élégants. Quelques bateaux pêcheurs portent
des voiles tannées en rouge, qui se détachent vi-
goureusement sur le fond bleu sombre de la mer.

Tous ces bateaux pêchent. La plupart ont dehors des lignes roulantes, et ils cherchent le maquereau; de là leurs gracieuses évolutions, leurs
allées et leurs venues, parce qu'il faut pour réussir
courir, courir toujours. Le poisson mord d'autant
plus âprement que, le bateau marchant plus vite,

l'amorce semble voler au-dessus et au milieu des
eaux. Nous, nous cherchions une proie différente,
nous allions pêcher de fond avec la ligne à main;
et si nous étions presque sûrs de ne pas prendre
de maquereau, — ce qui s'est pourtant vu, —
nous espérions bien nous dédommager sur les
autres habitants de la rade.

Cependant, à mesure que nous marchons, l'*Aiguade* approche : la petite anse abritée de rochers
au fond de laquelle elle est comme cachée commence à se développer à nos pieds. Nous avançons
sur la crête d'une muraille de rochers noirs per-
pendiculaire comme une fortification énorme. Au
bas brise la mer : à deux cents mètres plus loin,
l'eau est calme et quelques bateaux pêcheurs dorment, semblables à des oiseaux qui, la tête sous
l'aile, se laisseraient bercer par les flots.

Ceux-là sont les pêcheurs de nuit : ils traîneront
le chalut ou laisseront dériver les manets; mais il
faut pour cela que la lumière ait quitté la terre.
Dès que le soir se fait, ces barques s'éveillent : la
voile, déployée sur un aviron penché et formant
tente, se déploie, l'oiseau ouvre ses ailes et prend sa
volée. Jusque là, silence; le pêcheur et toute sa famille dorment, réparant la fatigue de la nuit et lais-

sant à la marée le soin de les bercer en soulevant
la barque qui s'élève, oscille, et retombe aussi régulièrement que si elle reposait sur une immense
poitrine humaine dont elle suivrait la respiration.

Mais nous voici arrivés : nous reconnaissons attachée au rivage la barque dans laquelle nous allons
monter; c'est un simple bateau plat, incapable de
tenir la mer, mais suffisant pour nous éloigner
de quelques centaines de mètres de la terre. Il n'en
faut pas plus au pêcheur adroit pour faire ample
moisson.

Qui trop embrasse mal étreint est un proverbe
décidément fort sage. Nous avons voulu aller trop
loin, nous attaquer à une eau trop vive, et nous
avons dû promptement revenir. C'est que au
delà de l'Aiguade une pointe qui s'avance renvoie
l'eau venant du goulet et produit un courant
d'une violence dont rien ne peut donner idée aux
amateurs habitués au cours des fleuves et non aux
phénomènes de la mer. C'est parce que cette
connaissance est à faire, pour les touristes et les
baigneurs qui veulent essayer en mer leur talent
de pêcheurs en eau douce, que nous voulons rapporter l'expérience suivante.

Il est incontestable que la meilleure pêche se fait, non dans les courants violents, mais *sur leurs bords,* car l'eau qui se meut sous l'impulsion d'une force semblable creuse son sillon au milieu de l'eau voisine immobile, tout aussi bien que le ruisseau roulant dans le lit qu'il s'est tracé au milieu de la prairie. On recherche donc le bord des courants ra-

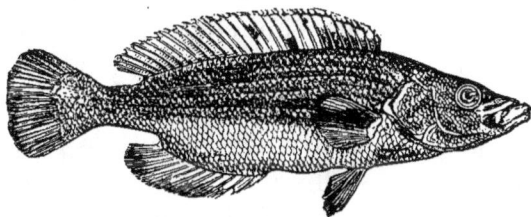

Fig. 14. — Vieille de mer, appelée *coquette bleue;* c'est le mâle du *labre varié :* la femelle est rouge.

pides, mais le tout est d'y tenir et surtout d'y pêcher. Nous employons pour cela la ligne au doigt, chargée d'une ou deux fortes balles de plomb, telle que nous l'avons décrite à la pêche des *officiers;* seulement, au lieu de la lancer au loin, nous la laisserons descendre au bord du bateau. Or, dans notre courant, j'attachai à ma ligne un biscaïen de fonte, et le mis bravement à l'eau, persuadé que ma ligne allait gagner le sol. Erreur! mon biscaïen flottait entre deux eaux comme un bouchon de liège dans une rivière. J'aurais filé 200, 300, 500 mètres de

ligne que le plomb n'eût point touché le fond, et
cependant nous ne pêchions que par dix brasses
d'eau environ.

Il était impossible d'y tenir. On revint donc plus
à l'abri de la côte, et par un fond de cinq brasses,
à deux encâblures du rivage, on mit les lignes à l'eau.
La marée était demi-montante, nous pouvions pêcher jusqu'au moment où elle serait à peu près
demi-descendante, ce qui nous donnait un temps
bien suffisant pour les exploits que nous méditions;
car il ne faut pas perdre de vue que la pêche, —
comme la chasse, — offre un moment surtout agréable, celui du départ, où l'on commence le cœur
certain du succès. Tous, plus ou moins, nous en
sommes là, *in petto*, en sortant de la maison.

Nous étions ancrés sur un fond de roches, sable
fin et herbes, par cinq à six brasses d'eau. Ce de-
vait être la demeure préférée de toute la famille des
labres, ces magnifiques poissons que, selon les
pays, on appelle des *vieilles, perroquets de mer,* des
castrics, des *tourds,* etc., car ils ont autant de noms
que de couleurs, et leur âpreté à mordre, la variété
de leurs espèces, la splendeur de la plupart en font
certainement les plus amusants poissons de la mer,
pour le pêcheur à la ligne surtout. Le pêcheur au

filet les dédaigne le plus souvent, car ils n'ont pas
une valeur marchande suffisante pour compenser
la dépense faite pour les prendre, et le temps employé à cette tâche ingrate. Aussi les pêcheurs de
profession ne les regardent-ils que comme un ap-
point sans valeur, qu'ils apportent au marché quand
même, dans l'espoir que quelque novice se laissera
tenter par cette robe brillante et les achètera, se disant qu'un poisson si beau ne peut manquer d'être
aussi bon. Ajoutons que dans ce cas le pêcheur ne
se fait point faute de vous faire payer votre leçon
de connaissances ichtyologiques le plus cher qu'il
peut, et souvent même un prix exorbitant, vu la
valeur intrinsèque de ce poisson.

Non que ces animaux soient malsains ou désa-
gréables, mais leur chair a un certain goût par-
fumé auquel il faut être habitué : en second lieu
elle est un peu aqueuse, il faut savoir l'apprêter :
en troisième lieu, l'animal a les écailles très tenaces,
il faut savoir l'écailler.

Toutes ces circonstances réunies font que neuf
fois sur dix le novice fait un repas détestable, et n'a
plus envie d'y revenir.

Cependant le pêcheur émérite, lui, se garde bien

de laisser perdre ses vieilles; pour peu qu'en même
temps qu'elles il ait pris un ou deux petits congres, ce qu'en Bretagne on appelle des *fouets*, il
sait que la vieille sera la base d'une *soupe au poisson*, dont le plus gourmet se lécherait les doigts;
mais, il faut savoir!

Un jour, à la fin de ces causeries, nous donnerons la recette de la soupe au poisson du pêcheur.
Faite sur les rochers de la plage, personne ne peut,
sans l'avoir goûtée, juger, même de loin, quelle est
sa saveur.

Nous n'avions pour toute amorce, en commençant la pêche, que des *gravettes* ramassées dans le
sable vaseux du port. La *gravette* c'est la *capeleuse*, c'est le *ver-blanc* de quelques pêcheurs. Les
labres en sont très friands. Nous pêchions avec
des n° 6 limericks courbes, montés sur florence
pour la plupart, les miens sur une cordelette de
six crins. Que voulez-vous? J'ai une superstition
à l'endroit du crin. Ce produit m'a rendu de tels
services en eau douce que je le mets partout : son
manque de brillant m'a toujours semblé une qualité précieuse, qui rendrait la *florence* complète si
l'on pouvait la lui communiquer. Je ne sais si mon
crin en fut la cause, mais je revins l'un des plus
heureux de notre excursion.

A chaque minute tombaient dans le bateau les
vieilles rouges, brunes et vertes, les *coquettes* de
temps à autre, car elles sont un peu moins communes que les premières, et le pêcheur, quoique
blasé sur leurs tons magnifiques, ne pouvait s'empêcher de tenir quelques instants dans sa main la
coquette bleue (*Labrus variegatus*) et d'en admirer
les merveilleuses macules bleu d'azur sillonnant
une robe ananas foncé. La femelle de cette singulière espèce est plus gracieuse, mais moins belle
que le mâle. Sa robe est rouge-rosé vif, et sur le
dos, à la dernière dorsale, elle porte sept taches,
trois blanches, quatre noires, alternativement placées, les trois blanches entre les quatre noires. Ces
deux individus ont la tête plus en pointe que la
vieille commune, à laquelle on donne aussi quelquefois le nom de *carpe de mer*.

Des vieilles rouges aux macules fuchsia sur un
fond blanc comme de la porcelaine et veiné de
rose tendre tombent aussi dans le bateau, font deux
ou trois culbutes sur les planches, et s'engouffrent
dans l'eau qui se trouve dessous. Les vieilles sont
des habitantes invétérées des fonds, et jamais on ne
les voit à la surface de la mer : leur conformation
semble s'y opposer. Leur vessie natatoire contient
un gaz comprimé assez fortement pour faire équi-

libre à la pression considérable que l'extérieur de
leur corps supporte à de semblables profondeurs;
aussi, dès que le pêcheur a ramené un labre au
jour, le gaz de la vessie intérieure se dilate, et,
augmentant de volume, chasse au dehors une partie des intestins du poisson, dont il hâte l'asphyxie
par une violente pression intérieure. Si l'on voulait
conserver ces magnifiques poissons dans un aquarium ou un réservoir dans lequel il serait possible de les voir, il faudrait, ainsi qu'on le fait aux îles
espagnoles, leur pratiquer la ponction de la vessie. Cette opération, très simple, se fait au moyen
d'un poinçon qu'on leur enfonce près de l'épine
dorsale, et qui, donnant issue au gaz comprimé,
évite les accidents ultérieurs. Les poissons ainsi
ponctionnés vivent bien et sont promptement
guéris.

Mais, voici une bande de *pilonos* qui fait appari-
tion sur notre banc par quelques-uns d'entre eux,
ramenés à nos lignes. Ces *pilonos* sont de petites
dorades, longues de o^m,15 à o^m,20 (*Pagel boguera-
vel*), au corps plat, aux écailles argentées, à reflets
pensée, aux grands yeux, à la bouche armée de dents
saillantes, à l'appétit insatiable; aussi mordent-elles
avec voracité et se prennent-elles toutes seules. Les
pilonos sont les hôtes habituels des ports et des ra-

Fig. 15. — La leçon de pêche.

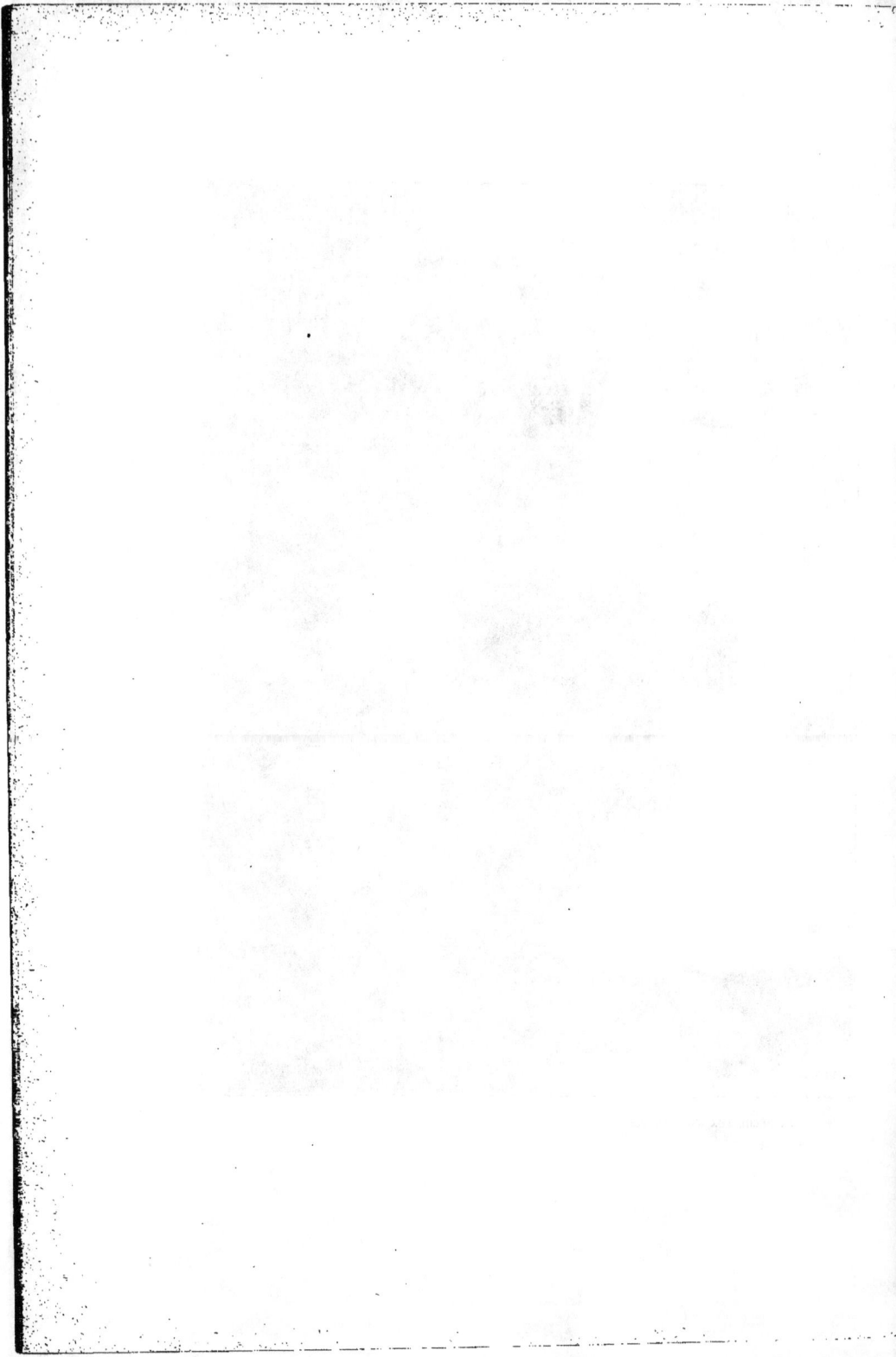

des, où ils pullulent en compagnie des *chinchards* (*Caranx trachurus*), dont nous parlerons une autre fois. Ces petits poissons marchent en troupes plus ou moins nombreuses, mais ne séjournent pas long-temps au même endroit. Le pêcheur doit donc se hâter de ferrer et d'amorcer toujours, tant que les pilonos rôdent dans l'endroit où il pêche. Une fois la troupe éloignée, — sans qu'on sache qui la pousse ou qui l'amène, — on restera peut-être une heure au même endroit, sans en voir apparaître une autre.

Le pilono est une des meilleures *esches* de la mer.

Nous ne ferons pas à nos lecteurs l'injure de leur apprendre que l'on appelle *esche*, — de *esca*, nour-riture, — toute chose qui se met à l'hameçon pour attirer le poisson. L'*amorce,* au contraire, est ce que l'on jette en un endroit pour le rassembler : le mot *appât* est quelquefois employé comme synonyme de esche. Cette question philologique résolue, re-venons à nos pilonos.

Tous les poissons y mordent avidement : le *bar,* le *merlan,* le *lieu,* le *congre,* la *dorade* ou *glazelle* ou *scolète,* l'*orphie* et surtout le *pilono* lui-même.

Comme on n'est pas toujours certain que l'on
prendra des pilonos, il faut garder ceux que l'on
a pris et les conserver pour la pêche, ce qui se fait
facilement.

On les fend dans leur épaisseur, on retire l'arête
dorsale et l'on jette les intestins : il reste alors deux
plaques de chair ferme et blanche, recouvertes chacune de la peau des flancs. On les sale, puis on les
place les unes sur les autres, dans un vase. Sous
l'action du sel, la chair déjà ferme du poisson s'af-
fermit encore davantage et n'en tient que mieux à
l'hameçon, où elle peut recevoir l'attaque très bru-
tale des forts individus. On découpe les morceaux
pour esche sous la forme de petits losanges de $0^m,04$
à $0^m,05$ de long, auxquels on laisse surtout la peau
brillante qui attire de très loin, à travers l'eau, les
espèces carnassières.

Voici un *tacaut* qui se laisse amener sans résistance. C'est un petit gade, voisin de l'*officier*, et qui
ne se défend pas plus que lui : le voilà suivi d'un
merlan, puis d'un, de deux congres ou *fouets*.

Qui frappe encore à l'hameçon de fond? C'est
un *cotte :* attention à ne pas le prendre à poignée,
ses épines sont meurtrières!

Tandis que nous pêchions ainsi, au fond, autour du bateau, l'un d'entre nous avait laissé filer au gré du courant une ligne en vingt crins, sans plomb, sans flotte. Cette ligne, amorcée d'un losange de pilono était destinée à nous apporter les *orphies,* les *dorées,* les *dorades,* qui ne quittent jamais la surface des flots. Effectivement elle remplissait parfaitement son office, et de temps en temps la brillante *orphie* au dos vert, au ventre argenté, venait tomber en ondulant sur le plancher du bateau, et nous montrer son curieux bec de bécasse armé des dents aigües qui la font placer tout à côté du brochet des eaux douces.

Les grosses *dorades,* ou *glazelles (sargues)* mordent entre deux eaux : leur attaque est légère, — pour un poisson de mer, — mais elles se défendent bien et *tiennent* fortement l'eau. Leur corps aplati, leur puissante caudale les aident à des soubresauts balancés, qui ne sont pas sans danger pour une ligne, même solide, et à plus forte raison pour les ligatures et pour l'hameçon. Ce dernier est d'autant plus exposé dans ces rencontres, que les paysans ont donné aux poissons qui nous occupent le nom significatif de *gueules en pavés,* qui peint parfaitement l'armature de leur mâchoire. Que l'hameçon se butte contre une des molaires, et il sera brisé, ou du moins ouvert presque à coup sûr. Attention donc!

Mais le soir arrive.....

Nous regagnons la côte; le bateau est attaché au pieu qui le retient captif, la marée descend et la grève devient moins tumultueuse. Au loin les rochers noirs reprennent leur empire; la mer les bat sans relâche de ses flots d'écume, les algues jaunes frémissent, se soulèvent et s'abaissent, le galet roule, le bruit éternel de la grande horloge de l'univers gronde et remplit l'âme de mélancolie. Cependant, quand on domine tout ce murmure du haut des rocs du rivage, on sent que ce mouvement, ce bruit du ressac meurt dans l'espace et ne vous est renvoyé que comme un écho. C'est qu'en présence de nous est l'immensité. Le bruit, le son s'y perd;... l'âme seule y porte ses pensées : en face d'elle l'homme pense, et devient meilleur.

LES LIGNES DE SABLE.

Dans les rivières, dès que le soir se fait, le pêcheur se rend sur le bord, et là tend ses lignes de fond, qu'il viendra relever le lendemain de grand matin. Ces lignes de fond sont de deux sortes : ou des *cordées* ou des *jeux*.

Les premières, tout le monde les connaît, ce sont de longs cordeaux munis d'hameçons attachés à une plus mince ficelle, de place en place, sur toute la longueur.

Les secondes sont un peu moins connues : elle se composent d'une pierre, d'un plomb, auxquels on attache une empile, — deux ou trois même, — munie de son hameçon : on descend cette masse pesante au fond de l'eau par le moyen d'une seconde cordelette qui y est attachée. En multipliant suffisamment les jeux, et les construisant *secundum artem*, on arrive à faire de très belles pêches.

Or, ce que l'on fait en rivière, on l'exécute en-

core bien plus facilement en mer, et la pose des
lignes de sable, — que les pêcheurs des côtes de la
Manche nomment *petites câblières*, — est une des
distractions les plus intéressantes du pêcheur amateur. Partout où la grève est sableuse, la pose de
ces lignes dormantes est facile. Dans les endroits où
elle est rocheuse, la pose des mêmes lignes rencontre quelques obstacles, mais le génie des pêcheurs est inépuisable et leur a fait tourner toutes
les difficultés.

Avant de donner la description de nos lignes,
nous voulons dire quand on les met à l'eau. Dans
les mers toujours égales, comme la Méditerranée,
on les met lorsqu'on le veut et on les relève
de même. Dans les mers à marées, comme l'Océan
et la Manche, on ne peut les laisser à l'eau que
la durée d'une marée, puisque la grève assèche
périodiquement à des heures déterminées. Au
moment de la basse mer, alors que l'eau bat les
sables aussi loin de la terre sèche que possible, le
pêcheur s'avance et pose ses lignes : puis il s'en
va, les abandonnant à elles-mêmes et ne devant
venir les rechercher qu'à la mer basse suivante,
alors que l'eau les découvrira de nouveau. Malheureusement, chaque marée retarde d'une certaine
quantité sur la précédente; il en résulte que

Fig. 16. — Les lignes de sable.

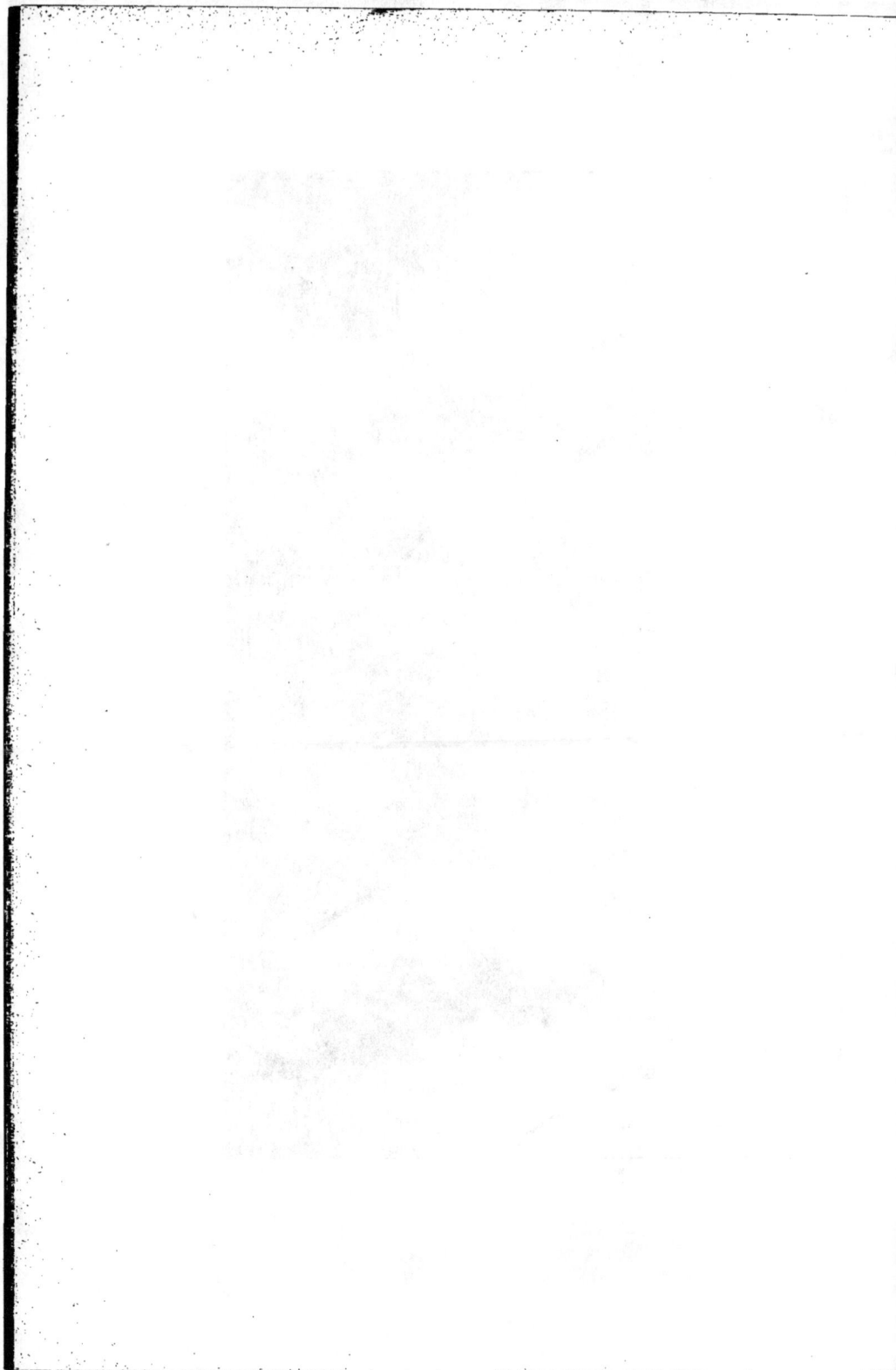

l'heure de la tendue et de la levée des lignes varie
chaque jour. Elle tombe quelquefois bien, mais
elle tombe plus souvent mal et c'est au beau milieu de la nuit que, souventes fois, le pêcheur est
obligé d'aller relever ses lignes.

Sans aucun doute le Casino est là pour adoucir
par ses distractions les rigueurs de l'attente; mais
tout le monde ne se soucie pas de parcourir la plage
en costume de soirée, ou d'aller dans le monde
en tenue de pêcheur aux lignes de sable : il faut
nécessairement opter. A part cela, la pêche aux
lignes est amusante, peu fatigante et productive.

Il est bon de se trouver un associé, un compagnon qui vous aide bénévolement dans les manœu-
vres nécessaires : à deux on va plus vite, ce qui est
important, parce que la marée n'attend pas et que,
plus les lignes sont *au bas de l'eau* plus elles sont
productives, puisqu'elles restent plus longtemps
recouvertes et se trouvent plus *profondément* placées sous la masse d'eau qu'amène la mer. Or, il
en est de l'eau salée comme de l'eau douce, les
grosses pièces demeurent au fond.

La ligne de sable se compose, — pour être
commode, — d'une corde grosse comme un crayon

et longue de… mais je m'aperçois que je vais trop
vite en besogne et qu'il me faut d'abord expliquer que, de même qu'en rivière, il y a sur la
grève deux manières de faire les lignes de fond, ou
en *cordées* ou en *jeux*. Les cordées, je reviens à
mes moutons, ont une longueur moyenne de 10 à
15 mètres pas plus. Il vaut mieux en tendre plusieurs à différentes places qu'une seule aussi longue
qu'elles toutes réunies. J'ai remarqué que dix petites
cordées de 10 mètres me rapportaient toujours
plus de poisson qu'une grande cordée de 100
mètres.

Tous les trois mètres environ on attache une
empile en ficelle fine de $1^m,40$ à peu près, de
manière que deux empiles consécutives ne puissent
se toucher et mêler leurs hameçons. L'empile se
fait très bien en ficelle, avons-nous dit; c'est ainsi
qu'opèrent les pêcheurs du village. Nous, nous
ferons mieux. Nous prendrons un mètre de ficelle, nous y ajouterons, suivant le poisson que
nous voulons prendre, soit $0^m,40$ de bonne florence
forte ou un margotin de crin en 20 brins, ce qui
donne la grosseur indiquée n° 2, fig. 23, des instruments de pêche, soit $0^m,20$ de corde filée. Cette
dernière disposition s'applique évidemment aux
poissons à dents solides, tels que les *congres*, les

dorades, les *vieilles,* etc. Il sera encore préférable,
toutes les fois qu'on ne regardera pas à la dépense,
de remplacer la ficelle du paysan par une empile
en soie vernie et peinte à l'huile de lin : elle se
déploie mieux, ne se vrille jamais, et présente,
sous une petite section, une force dix fois supérieure à celle de la ficelle. Or, on a beau dire que
le poisson de mer est bête... je l'accorde, mais on
m'accordera bien aussi que s'il est bête en présence
d'engins grossiers, il sera encore plus bête en présence d'engins délicats, et que ce surcroît de bê-
tise est tout à mon profit !

Nous monterons donc nos lignes avec tout le
soin et toute la recherche possible : il n'y a point
de petites précautions pour le pêcheur. Nous nous
souviendrons de cela, surtout, à propos de l'hameçon. Les naturels du pays font choix d'hameçons
étamés blancs qui ressemblent plus à des crocs de
garde-manger qu'à toute autre chose : nous sui-
vrons, si vous le voulez bien, une route inverse
en montant nos lignes avec des hameçons limericks
courbes aussi fins que possible. En général le n° 6
est bien suffisant, et nous vous engageons à prendre plutôt plus fin que plus gros que lui. Nous
avons très bien réussi avec du n° 8. Cela n'empêche
pas d'y mettre une esche volumineuse sans laquelle

les gros poissons n'attaqueraient pas, mais cela a
pour effet que l'hameçon passe en même temps
que la *gobe,* et que le poisson ne s'aperçoit qu'il
est pris que quand il se sent piqué dans l'estomac.

Telles sont nos cordées : voyons ce que seront
les *jeux.*

Ceux-ci sont, à proprement parler, l'enfance
de l'art. On fait choix d'une pierre de la grosseur
du poing, un peu plus ou peu moins, régulière
ou irrégulière, cela ne fait rien à l'affaire : si elle
a un trou, tant mieux : si elle n'en a pas, on s'en
passe en croisant la ficelle sur son pourtour. Quelle
qu'elle soit, on y attache une empile de ficelle ou
de soie d'au moins 2 mètres de longueur. Autant
de pierres, autant d'empiles portant chacune un
hameçon. A propos de pierres, nous avons oublié
de dire qu'il fallait attacher une pierre semblable
à celle-ci, mais de la grosseur des deux poings, à
chaque extrémité de la cordée, et une ou deux vers
son milieu ou sur son parcours. Voilà mon oubli
réparé, et nous pouvons partir. Si la plage, —
comme à Boulogne par exemple, — ne contient
que du sable pur et fin, il faut se décider à emporter
les pierres dans un panier, et il n'est pas défendu de

se faire suivre, pour cela, par un domestique. Si la
plage porte des cailloux, on y va seul ou avec un
ami, et l'on trouve autour de soi autant et généralement plus qu'il ne faut de matériaux utiles.

Nous voici sur la plage : la mer est au plus bas.
Vite, au moyen d'une petite houe à main, nous
creusons dans le sable un sillon de $o^m,10$ à $o^m,15$
de profondeur et de la longueur de notre corde.
Dans un sable homogène rien n'est plus facile.
Quelques personnes se servent d'une bêche, la houe
va plus vite. La corde et ses pierres — *parois* — y
sont enfoncées, le sable refoulé, au moyen des
pieds, par-dessus : les empiles restent en dehors,
et chaque hameçon reçoit son revêtement de vers
ou de morceaux de poisson.

Pour poser les lignes à pierre, il suffit de faire
un trou assez grand pour bien enfoncer celle-ci.
L'empile reste au dehors. Il est facile de voir
qu'autour des rochers ce second mode trouve une
plus facile application; mais nous engageons nos
imitateurs à faire comme nous, à employer les
unes et les autres à la fois.

Toutes les esches sont bonnes pour ce genre de
pêche, parce que si l'une ne plaît pas à un pois-

son, elle peut plaire à un autre : la quantité de
ceux qui rôdent autour est grande. On emploie
surtout les *vers blancs* de mer, *gravette* ou *capeleuse*,
l'*arénicole* ou *ver rouge* des pêcheurs, le *ver rouge*
de fumier, la chair de crabe mol, les morceaux
de poisson, *caranx, pilono,* etc., *les sardines,* les
blanches ou *blaquets,* les petites *lamproies,* etc., la

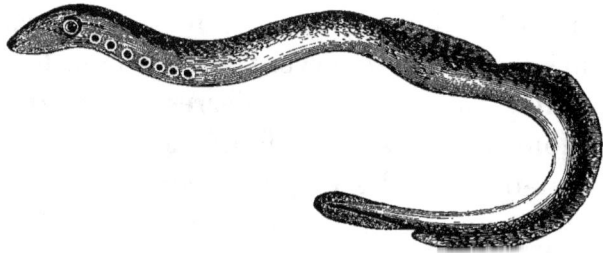

Fig. 17. — Lamproie.

seiche, les *crevettes* dépouillées de leur carapace,
les *coquillages* et mille autres choses. Tout ce
qui vous tombe sous la main peut être essayé, cela
dépend des saisons.

Ce que nous avons expliqué jusqu'ici s'applique
parfaitement aux côtes sur lesquelles les rôdeurs
de mer, — *crabes, poulpes,* et autres engeances,
— sont peu communs, parce que les esches re-
posent sur le sable ou du moins très près de lui,

Fig. 18. — A mer basse.

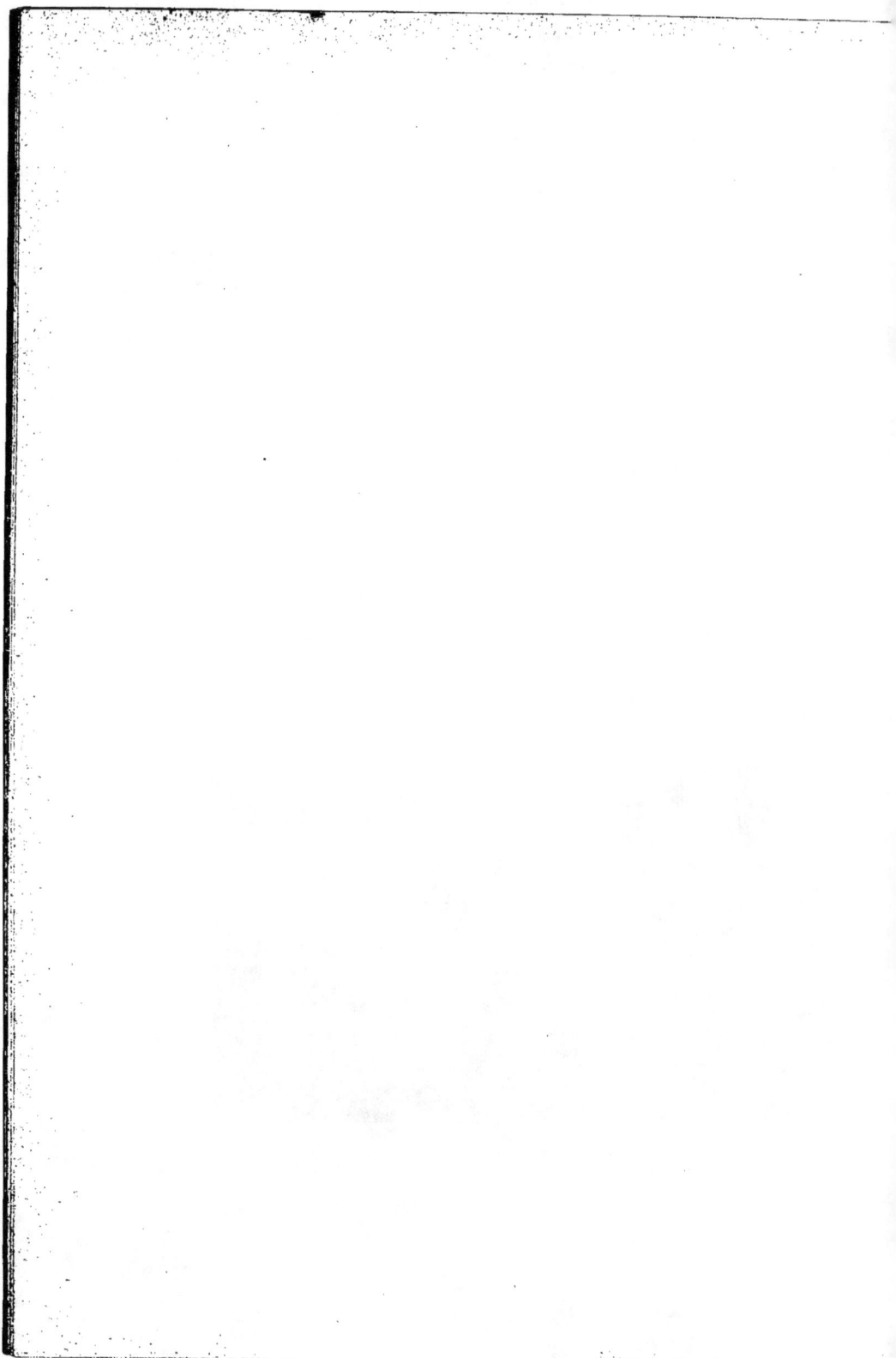

où la lame les roule au milieu des poissons; mais dans les endroits où les rôdeurs sont communs, il faut modifier l'agencement précédent de manière à sauver au moins ses appâts. Voici comment on y parvient.

A vingt centimètres au-dessus de l'hameçon, on

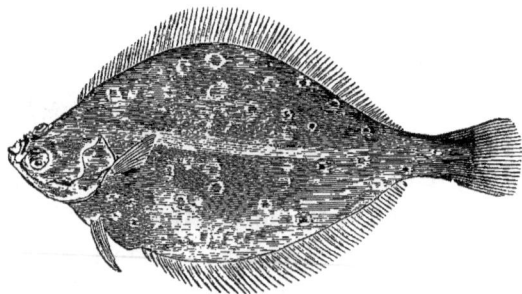

Fig. 19. — Plie.

pose, sur la ficelle de l'empile, un petit *corceron* de liège, — en français un *bouchon*, — que l'on retient par un nœud en croix. Ce corceron, obéissant à sa légèreté spécifique, soulève l'esche autant qu'il le peut à mesure que monte l'eau de la marée, jusqu'à la mettre entre deux eaux quand la mer est tout à fait haute. Il résulte de ce mouvement que l'esche est presque toujours soustraite aux atteintes des crabes, qui ne se sou-

cient pas beaucoup de quitter le solide, d'autant
mieux que les espèces les plus communes et les
plus voraces sont littorales et non *natatrices*. Restent à craindre les poulpes et les seiches, qui,
eux, nagent comme de vrais poissons, mais qui
cependant ne quittent pas volontiers le voisinage
du fond.

Il est certainement préférable de pêcher sans
corceron; mais quand on ne peut pas faire autrement, il vaut mieux recourir à cette combinai-
son : seulement elle diminue le nombre de poissons plats que l'on peut prendre, sans beaucoup
augmenter la quantité de victimes de moyenne
eau, parce que ce nombre dépend surtout de
leur abondance, comme passage, sur la côte. Les
espèces que l'on relève le plus souvent sont les
plies, turbots, carrelets, congres, gades, vieilles, etc.

Il ne reste plus maintenant qu'à saisir le moment où la mer va laisser sur la plage les victimes
de la pêche pour les aller ramasser; mais ce moment n'est pas sans péripéties. Il faut être là de
bonne heure, se munir d'une large épuisette et,
dès qu'on le peut, dans l'intervalle de deux lames,
saisir au vol le poisson que l'on aperçoit, surtout
si les rôdeurs sont à craindre sur le sable : il ne

manque pas d'exemples de pêcheurs attardés qui
arrivent juste à temps pour voir une légion d'a-
raignées de mer quitter précipitamment un poisson magnifique dont il ne reste plus que l'épine
dorsale.

Avis aux paresseux !

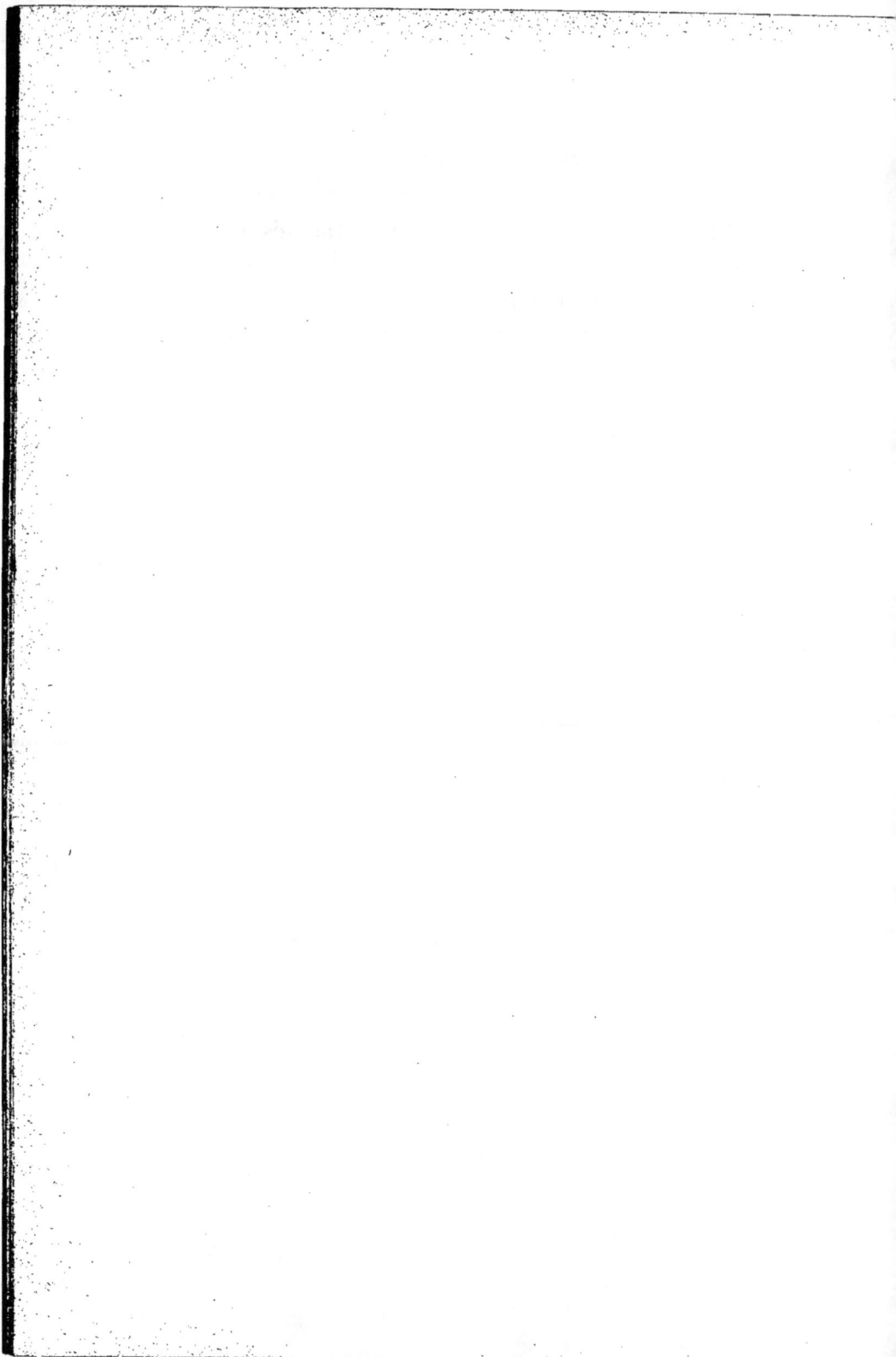

L'ORPHIE OU AIGUILLETTE.

L'orphie, dont le nom scientifique est *Esox be-lone*, remplit à la mer un rôle qui n'a pas d'analogue dans l'eau douce : celui d'un poisson serpentiforme de surface. Pour ceux de nos lecteurs qui ne connaissent pas *l'orphie,* — en langage vulgaire *aiguillette,* — nous pouvons leur en donner une description en quatre mots. C'est un poisson qui a la forme de l'anguille, la couleur et la queue du maquereau, le bec d'une bécasse, armé de dents, et une longueur moyenne de $0^m,60$ à $0^m,70$.

Comme si ce n'était pas assez de bizarreries accumulées chez un même poisson, la nature s'est plu à lui donner des os verts, c'est-à-dire que ses arêtes, et surtout celles qui composent l'épine dorsale, sont d'une belle couleur vert clair et d'une consistance un peu gélatineuse. Enfin, dernière originalité : ce bec de bécasse, ce corps anguilliforme ne sont, quand on les regarde bien, que l'exagération des formes du brochet, la position des nageoires et les autres caractères anatomiques

le démontrent : aussi pour les naturalistes le brochet et l'orphie sont-ils rangés à côté l'un de
l'autre et sous le nom : *Esoces*. Au premier regard
du vulgaire, ils se ressemblent comme une anguille
et une carpe ; mais le rapprochement scientifique
n'en est pas moins vrai.

Le bec de bécasse de l'aiguillette présente aussi
sa singularité, c'est que la mandibule inférieure
est de *deux centimètres* environ *plus longue* que
l'autre, ce qui semble devoir gêner singulièrement
la préhension. Il paraît qu'il n'en est rien, car
l'animal vit de petits poissons que l'on appelle
blaquets, blanches, blanchailles, de crustacés na-
geurs, de mollusques vagabonds, qui pullulent à
la surface des mers et surtout dans les rades, aux
environs des ports. Ce sera donc là surtout que
l'on ira pêcher les orphies, sans cependant être
certain de les y rencontrer toujours, car elles se
tiennent en troupes vagabondes qui errent de
droite et de gauche à la recherche de leur nourriture. Aussi, dès que le pêcheur a pris une orphie doit-il se hâter de retendre sa ligne vers la
même direction, car il est probable que d'autres
rôdent au même lieu.

Cela semble un problème, que l'on puisse

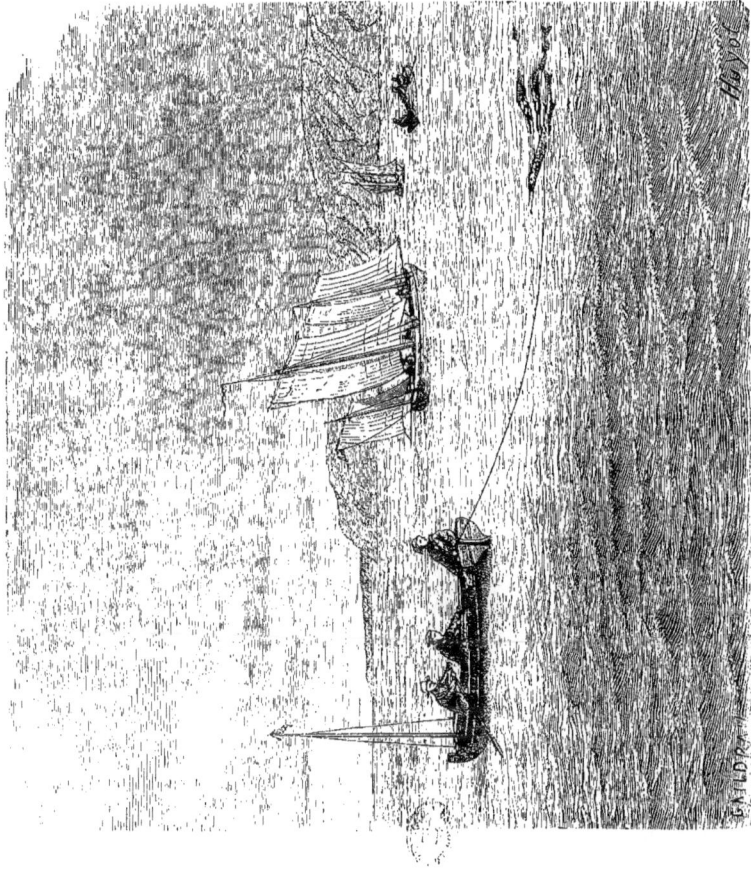

Fig. 20. — Pêche à l'orphic.

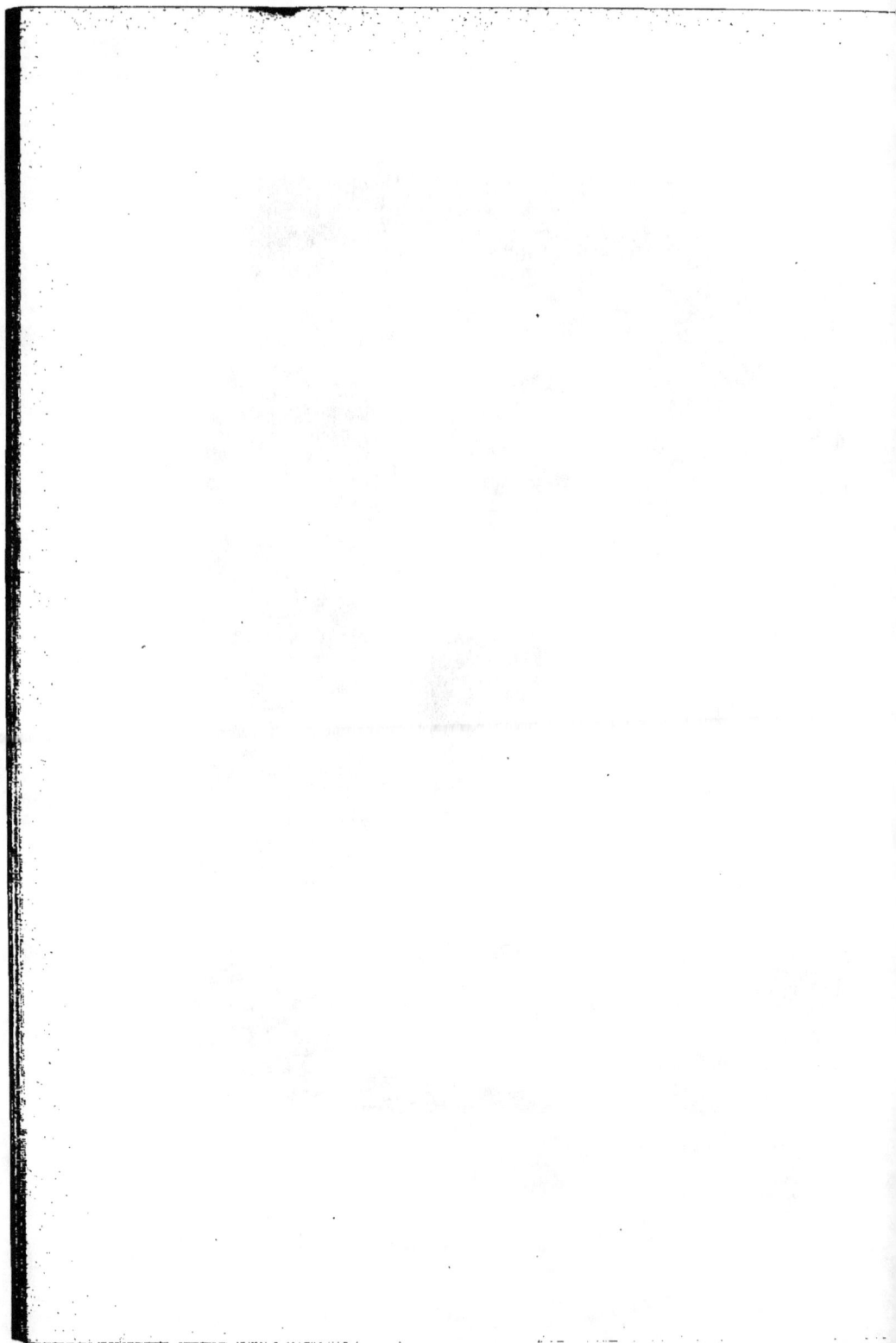

prendre avec un hameçon un animal muni de
deux mandibules linéaires, dures, armées de dents
et ne fermant pas très exactement l'une contre
l'autre.

Effectivement, si l'orphie mordait avec la nonchalence et la méfiance de la carpe, on n'en prendrait
jamais. Heureusement, de même qu'elle a la confor-

Fig. 21. — L'orphie ou aiguillette (*Esox belone*).

mation du brochet, elle en a les mœurs, et elle use
de sa pince absolument comme son confrère se sert
de son énorme bec de canard. Vorace au premier
chef, elle s'élance sur le petit poisson dont elle
veut faire sa proie, le saisit par le travers du corps,
— le brochet fait de même, — et les dents qui
garnissent les mandibules empêchent la victime
de fuir. Alors, par un mouvement tout particulier, — commun aux deux espèces, — le petit

poisson exécute une demi-révolution autour de son point de compression, il se présente alors par la tête, et il est avalé en un clin d'œil.

— Comment avez-vous pu savoir cela? me va-t-on dire.

— Pour le brochet, d'une manière bien simple : en le regardant faire, ce qui n'offre aucune difficulté dans une eau limpide, et alors qu'il se sauve en emportant l'esche vivante au moyen de laquelle vous l'avez tenté. Pour l'orphie, c'est aussi simple, par l'endroit où l'hameçon fait constamment prise quand on pêche cet animal. En effet c'est à la base des mandibules, à l'endroit où elles s'élargissent et forment une véritable bouche, que l'hameçon vient s'implanter. Ce n'est donc qu'alors que le poisson-appât pirouette que le fer rencontre les joues. S'il en était autrement, on prendrait — quand, comme nous, on se sert de très petits hameçons, — quelques aiguillettes par les mandibules entrées dans la courbe de l'hameçon et retenues par les dents. Or il n'en est rien, ni pour nous ni pour les autres pêcheurs.

La pêche de l'aiguillette se fait avec une ligne à la main, flottante, sans plomb ni flotte. En gé-

néral cette ligne est composée de margotins de
vingt brins de crin solidement assemblés, car si
l'orphie n'est pas un poisson lourd, ce n'en est
pas moins un animal qui se défend bien, et d'ailleurs en pêchant l'orphie on prend souvent

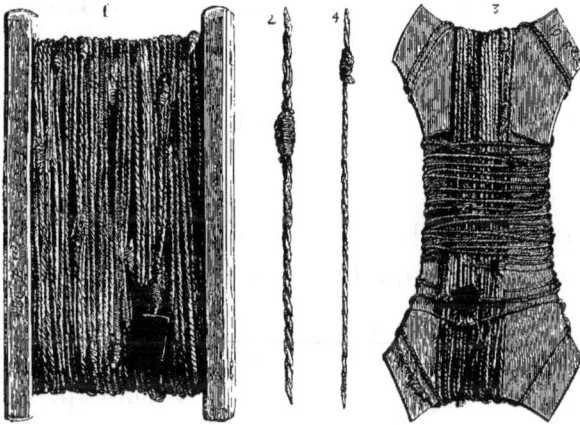

Fig. 22. — Plioirs et lignes.

d'autres poissons de surface beaucoup plus gros,
surtout des genres *pagre* et *pagel*, que le public
appelle du nom général de *daurades*. On voit n °4,
fig. 22, la grosseur de cette ligne toute en crin,
et n° 3 le plioir ordinaire sur lequel elle est pe-
lotonnée. Le n° 1 représente le *gandol* commun,
muni d'une autre ligne de crin plus forte, n° 2.

Cette pêche se fait du rivage ou d'un bateau : cette dernière manière est la meilleure par suite des mœurs nomades de l'aiguillette; mais si l'on trouve, près de l'embouchure d'un port, une roche s'avançant dans l'eau, on n'a qu'à profiter du courant de marée pour lui faire emporter la ligne au large et l'on prend très facilement, de là, des aiguillettes. Un seul hameçon à la ligne n° 6 à 8, ce dernier étant, pour nous, le meilleur : nous sommes souvent allés jusqu'au n° 10 avec succès.

Si l'on a un bateau à sa disposition, on choisira le moment où la marée monte et n'est pas tout à fait pleine, pour laisser dériver la ligne à l'eau qui l'entraînera. En ramant doucement on change peu à peu de place, et l'esche promenée par les vagues finit par rencontrer un poisson qui l'*engobe*. Nous avons souvent pêché quatre ou cinq personnes du même bord d'une baleinière conduite par deux rameurs, et c'était plaisir de voir à chaque instant les aiguillettes brillantes amenées au bateau. Au moment où le poisson mord, vous sentez au doigt une attaque franche; jusque-là il n'a fait qu'*entraîner*, parce que l'esche n'avait pas encore accompli sa révolution entre les mâchoires : au coup tirant, il se pique. Répondez-lui par un coup sec et modéré, puis amenez.

C'est là que commence le combat. Vous voyez
à trente ou quarante mètres de vous un serpent
en argent bruni qui s'élance des vagues, bondit
dans les airs, retombe, essaye de fuir à droite, à
gauche, avec une rapidité incroyable et une ardeur qu'il ne faut pas laisser se produire, car on
en perdrait une grande quantité. Amenez, amenez!
sans vous préoccuper de ses gambades. La ligne
est solide et vous n'avez rien à craindre. Si vous
tardez, il se décrochera.

Une fois l'aiguillette dans le bateau, sa prise
est certaine, mais vous ne la tenez pas encore.
Elle se défend jusqu'au dernier moment, serpen-
tant entre vos doigts, emmêlant la ligne, s'ap-
puyant sur sa blessure pour remonter, la queue
en l'air, le long du fil; aussi les matelots, — gens
peu sensibles et que toute cette défense intéresse
peu, — donnent-ils une brusque saccade au poisson une fois dans le bateau, ce qui lui déchire
les mâchoires et le fait tomber au fond. On remet
sans retard la ligne à l'eau. Cette manœuvre va
bien quand on emploie, comme eux, des hameçons n°s 2 à 4; mais j'ai expérience qu'en agissant
ainsi avec les miens, on en casse la moitié. Il est

vrai que je prenais deux fois plus d'orphies qu'eux.

L'esche dont on doit se servir pour prendre l'aiguillette est un morceau de poisson, et, parmi les meilleurs, il faut compter les morceaux de sardine. Dans les pays où l'on confit ces derniers poissons à l'huile pour les mettre dans les boîtes, que tout le monde connaît, le pêcheur trouve facilement et amplement de quoi amorcer ces lignes en demandant les têtes qui emportent avec elle les intestins de la sardine. Rien de meilleur, pourvu que ce soit *frais;* sans cela, l'orphie n'y mord point.

Se souvenir que cette esche ne tient pas beaucoup. On passe l'hameçon dans un œil de la tête, on fait un demi-tour et on ressort par l'autre orbite; mais les petits os auxquels on s'accroche ainsi ont peu d'adhérence ensemble, et il faut ferrer au premier appel. A défaut de têtes de sardine on prendra les corps qui valent beaucoup mieux, surtout la queue. C'est le cas de dire : Qui peut le moins, peut le plus. Il fait quelquefois bon retourner les proverbes.

Lorsque la sardine manque, on emploie le

pilono ou le *chinchard* ou le premier poisson venu, pourvu qu'il soit frais. C'est pourquoi les matelots commencent par pêcher de fond quelques-uns de ces derniers poissons qu'ils s'empressent de sacrifier afin de prendre une bonne fricassée d'aiguillettes. Ils n'ont pas tort, le pilono et le caranx ne valent pas le diable, tandis que l'orphie, — malgré ses arêtes vertes, — a un goût de maquereau très distingué.

Une dernière recommandation. Plus la ligne dont vous vous servirez sera longue, plus vous aurez de chances, parce qu'elle ira chercher le poisson d'autant plus loin du bateau. Quant à moi, je ne serais point éloigné, — vu son habitude d'aller en troupes, — de pêcher l'orphie avec une ligne terminée par deux hameçons : il doit y avoir là un perfectionnement, aussi bien qu'en remplaçant le *gandol* ou plioir commun des pêcheurs (n° 1, fig. 22), par le *plioir-dévidoir* norvégien (n° 9, fig. 23), infiniment plus commode pour donner ou retirer de la ligne.

Et maintenant, bonne chance!

LA CANNE A PÊCHE

ET INSTRUMENTS DIVERS.

Jusqu'à présent nous ne nous sommes servis que de lignes à la main (n° 3, fig. 23), c'est-à-dire d'un fil quelconque tenu entre les doigts, soit de fond, soit de surface. Ce serait une grande erreur de croire que cette manière de pêcher est la seule commode et praticable : la canne (n° 1, fig. 23) rend d'immenses services au pêcheur qui sait s'en servir, et quoique nous ne l'ayons encore vu employer que pour la pêche du mulet dans les ports, elle peut servir à beaucoup d'autres usages.

Avant tout, nous préviendrons notre lecteur que plus il aura une canne longue, — pourvu qu'elle reste assez légère pour qu'il puisse s'en servir, — mieux il réussira. La pêche à la canne ne peut, en effet, se faire en mer que de dessus un obstacle. La grève, qu'elle soit de sable ou de galet, vient en mourant recevoir l'eau, ce qui donne toujours à celle-ci beaucoup trop peu d'é-paisseur pour que le poisson approche à ce point

du rivage. Il n'en est plus ainsi lorsque des rochers
ou des jetées s'avancent dans la mer. L'eau est
souvent très profonde à leur pied et le pêcheur y
rencontre beaucoup de chances de succès. D'ailleurs, que le commençant se pénètre bien de ce
principe que, plus il y aura d'eau mieux il réussira, à de rares exceptions près. Ceci une fois admis
et la place bien choisie, il ne reste plus qu'à se
mettre en train et la première chose à faire sera,
au moyen d'une sonde de plomb, de bien s'as-
surer de la profondeur et de la nature du fond.
Il importe en effet extrêmement de savoir s'il est
de sable, de rochers ou d'herbes. Non seulement
dans chacun de ces cas le poisson à poursuivre est
différent, mais encore la manière de le pêcher n'est
pas la même.

En mer, ce n'est plus comme dans nos rivières
et même dans la plupart de nos fleuves, où, quand
on pêche par trois mètres d'eau on a atteint le
maximum de profondeur. Ici, nous trouverons tels
endroits où nous pêcherons par six, sept, dix mètres de fond et quelquefois plus. Il y aura donc
cette distance entre l'hameçon et la flotte, car on se
sert d'un bouchon tout aussi bien qu'en eau douce.
Ajoutons que du haut du rocher ou de la jetée sur
lesquels on est perché, il s'étend une plus ou

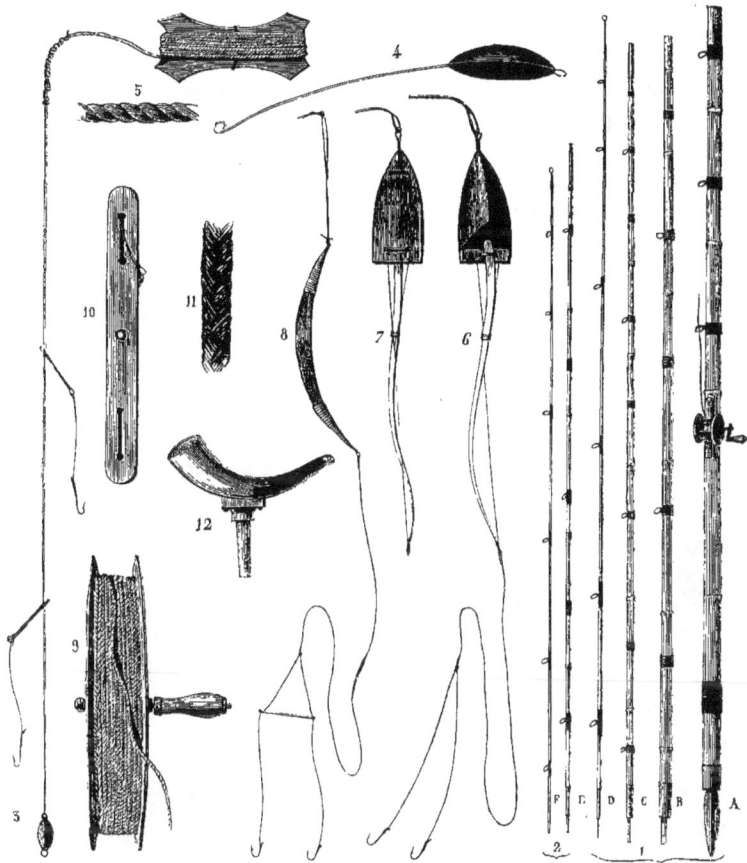

Fig. 23. — La canne à pêche.

Le n° 1 représente la canne en quatre bouts, roseau, de 1^m,50 chaque A, B, C, D.

Le n° 2 se compose de deux bouts E F qui remplacent à volonté le scion D pour allonger la portée de la canne.

N° 3. Ligne à main avec son plioir. On voit le plomb, les deux *quipots* en baleine, la racine, etc.

N° 4. Un plomb tournant à tige, pour la pêche du maquereau.

N° 5. La grosseur de la ligne à maquereau.

N° 6. Plomb tournant à tige de bois, à archet, pour la pêche du maquereau, vu en dessus.

N° 7. Le même, vu en dessous.

N° 8. Plomb courbe, tournant, pour la pêche du maquereau. Les plombs 4, 6, 8, s'appliquent à la pêche sous voile, ou en marche, de tous les poissons de surface.

N° 9. Plioir-dévidoir norvégien pour laisser filer la ligne à maquereau.

N° 10. Le même vu en dessus pour montrer les entailles dans lesquelles on loge les hameçons, au repos.

N° 11. Grosseur de la ligne pour cette pêche. Elle est composée d'une tresse plate de crin noir.

N° 12. Corne polie sur laquelle passe la ligne 11, quand elle se dévide de dessus l'engin n° 9. Le moindre arrêt le briserait.

moins grande distance jusqu'à l'eau, c'est-à-dire
jusqu'à la flotte.

Nous en avons assez dit pour faire comprendre
au pêcheur le moins habile qu'en mer l'emploi du
moulinet (n° 1, A, fig. 23), est indispensable. Lui
seul en effet, permet d'empelotonner rapidement
toute la partie de la ligne qui va de la canne
au bouchon : il en reste encore bien assez entre
celui-ci et l'hameçon pour être quelquefois fort
embarrassé quand le vent et un gros poisson s'en
mêlent.

Quelle que soit l'habileté du pêcheur à la main,
il est incontestable que la canne et le bouchon
permettent de ferrer mieux et plus juste, d'où il
résulte que l'on pêche mieux par ce système que
par le premier : malheureusement la ligne à canne
ne permet pas de lancer le plomb et l'hameçon assez loin du rivage, — quand celui-ci est en pente
douce, — pour trouver de l'eau. De même, nous
avons vu employer le jet du plomb à la main pour
aller pêcher les petits gades dans le milieu d'un
chenal où ils se tiennent. (Voir *Pêche aux officiers.*)

La canne, au contraire, permet de pêcher en
changeant de place le long d'une jetée, d'une esta-

cade. Elle permet d'explorer les interstices des rochers et d'aller faire de magnifiques captures là
d'où vous ne retireriez jamais le plomb à main.

Il n'est pas besoin de faire observer que l'on
choisira sa flotte, comme grosseur et comme couleur selon la force de la mer, à l'endroit où l'on
pêche. Il est très important que, tout en étant
visible, elle soit aussi stable que possible. Ce n'est
plus ici comme dans l'eau douce, où la flotte a
pour première qualité d'être extrêmement sensible.
En mer, le poisson mord *dur,* âprement, ou ne
mord point. Il n'y a donc pas d'équivoque. Son
coup tirant ressemble à celui que l'on donne à un
cordon de sonnette et, au besoin, en tiendrait
lieu. Il n'y a donc pas de demi-mesure à prendre,
mais à y aller hardiment.

Résumons ceci, en quelques mots, avant de passer outre. La meilleure canne, selon moi, est une
canne en quatre bouts de $1^m,5o$, en roseau marbré
(ABCD, n° 1, fig. 23), on la choisira un peu raide.
On aura, au besoin, deux morceaux de rechange
pour l'allonger encore, en remplaçant D par E + F
(n° 2). La canne perd en raideur et devient plus fra-
gile, mais elle porte beaucoup plus loin. On peut,
encore mieux, prendre une canne de bambou noir,

en trois bouts de deux mètres. On montera dessus
un fort moulinet à déclic multiplicateur libre, et
on le chargera de 5o à 70 mètres, si l'on peut, de
bonne soie huilée ou peinte, afin que l'eau de mer
n'ait point d'action sur elle. La flotte sera du genre
des *verticales,* si l'on peut. Dans le cas contraire,
on en prendra une flottant à plat.

On construira une forte avancée de florence,
bien choisie et bien assemblée en queue de rat,
c'est-à-dire que les brins iront en grossissant de
l'hameçon vers la canne : si l'on craint de très
forts échantillons marins, on pourra terminer l'a-
vancée, en haut, par deux ou trois florences tor-
dues ensemble. Cette avancée a environ la longueur
de la canne. L'empile de l'hameçon sera tantôt en
florence pour les poissons qui ne peuvent la couper, tantôt en corde filée, et le cas le plus nombreux, car les trois quarts des poissons de mer ont
la gueule tellement bien armée que la florence ne
leur résiste pas un moment. Il y aurait à étudier
pour eux, l'empile en écheveau de chanvre non filé
qui sert, en quelques pays, de monture aux hameçons avec lesquels on prend les grosses anguilles.
Grâce au défaut d'adhérence des brins entre eux, les
dents du poisson passent au travers de l'empile
et, ne pouvant la saisir, n'arrivent pas à la couper.

Le sublime de cette pêche serait d'employer pour esche de petits poissons vivants; malheureusement les petites espèces qui, en mer, représentent l'*ablette*, le *véron*, le *goujon*, de nos eaux douces, ont la vie tellement fugace qu'elles meurent immédiatement en sortant de l'eau. Il n'est donc pas possible de les conserver, et le pêcheur en est réduit à employer ces *blaquets* morts : une ressource lui reste et il n'en use pas assez, c'est celle de l'*émérillon*. Toute avancée de ligne de mer en devrait être munie, à moins qu'elle ne porte un plomb qui la fait appuyer sur le fond. La ligne à orphie surtout en devrait être toujours armée.

La question des fonds nous reste à étudier et elle est une des plus considérables parce qu'elle a pour conséquence de fixer le point précis où le pêcheur doit placer son hameçon. Avant de l'attaquer, il nous faut exposer quelques principes trop peu connus, ou du moins sur lesquels les pêcheurs ne réfléchissent pas assez. Nous voulons parler du *lieu d'habitat* des différentes espèces et faire remarquer, en passant, que ce point est un de ceux où l'histoire naturelle double la science du pêcheur.

De même que les différentes couches de l'air sont habitées, ou du moins fréquentées, par des

oiseaux d'espèces très différentes, de même les hauteurs diverses de l'eau servent de retraite à des
poissons fort éloignés les uns des autres par les
mœurs et l'organisation. Il y a autant de différence
entre les poissons de surface et ceux des grands
fonds, qu'entre l'hirondelle et le canard, et ce

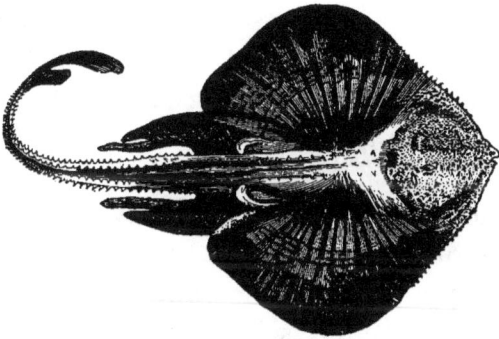

Fig. 24. — Raie ronce (mâle).

fait incontestable explique le peu de succès de certaines pêches.

En mer, la grande profondeur rend ces lieux
d'habitat très tranchés; mais ils existent également
en rivière et, quoique certaines espèces semblent
aller partout indifféremment, si on les étudiait dans
de plus grandes profondeurs d'eau douce, on les
verrait bientôt prendre une position d'élection par-

ticulière. Il faut distinguer, en mer, les poissons
de fond, les poissons de surface, et les habitants
des hauteurs moyennes lesquels sont, presque tous,
des poissons littoraux. C'est ainsi que, — pour n'en
citer que quelques-uns, — nous connaissons, parmi
les habitants du fond, tous les *poissons plats* (pleu-
ronectes), *les raies,* les *trigles* ou *grondins,* les *congres,* etc. ; parmi les poissons moyens, les *labres* ou
vieilles, les *pagres* et *pagels,* le *mulet,* le *hareng,* la
sardine, etc., et enfin parmi les habitants de la surface, l'*orphie,* la *dorée,* le *maquereau,* le *thon,* etc.

Dès que l'on aura sondé attentivement le point
sur lequel on veut pêcher, il faudra, — suivant les
données rapportées par la sonde, — modifier la
profondeur. En effet, si le fond est de sable, laissez traîner le premier hameçon sur le sable, main-
tenez le second à $0^m,30$ au-dessus. Si le sol est couvert d'herbes, descendez le premier hameçon de
manière qu'il en rase la surface moyenne et flotte
légèrement au milieu de leurs branches supé-
rieures. Vous pouvez ici supprimer le second hameçon. Au milieu des rochers, il ne faut pas
que l'hameçon traîne, on le laisse pendre à $0^m,10$
ou $0^m,20$ au-dessus de leur surface moyenne, mais
on n'est point à l'abri de l'accrocher dans les algues
et de l'y laisser.

Ce sont petits accidents qu'il faut savoir souf-
frir.

Pour les poissons littoraux, tendre à la hauteur
du fond et surtout le long des murs de jetées, etc.
C'est là que ces animaux vivent en troupes, guettant les vers et mollusques qui peuvent sortir des
fissures de la pierre ou du rocher. Quant aux
poissons de surface, nous ne conseillons pas de
les pêcher avec la canne, à moins que ce ne soit à
la mouche, pour le *mulet*, le *maquereau*, le *hareng*
quelquefois, etc.

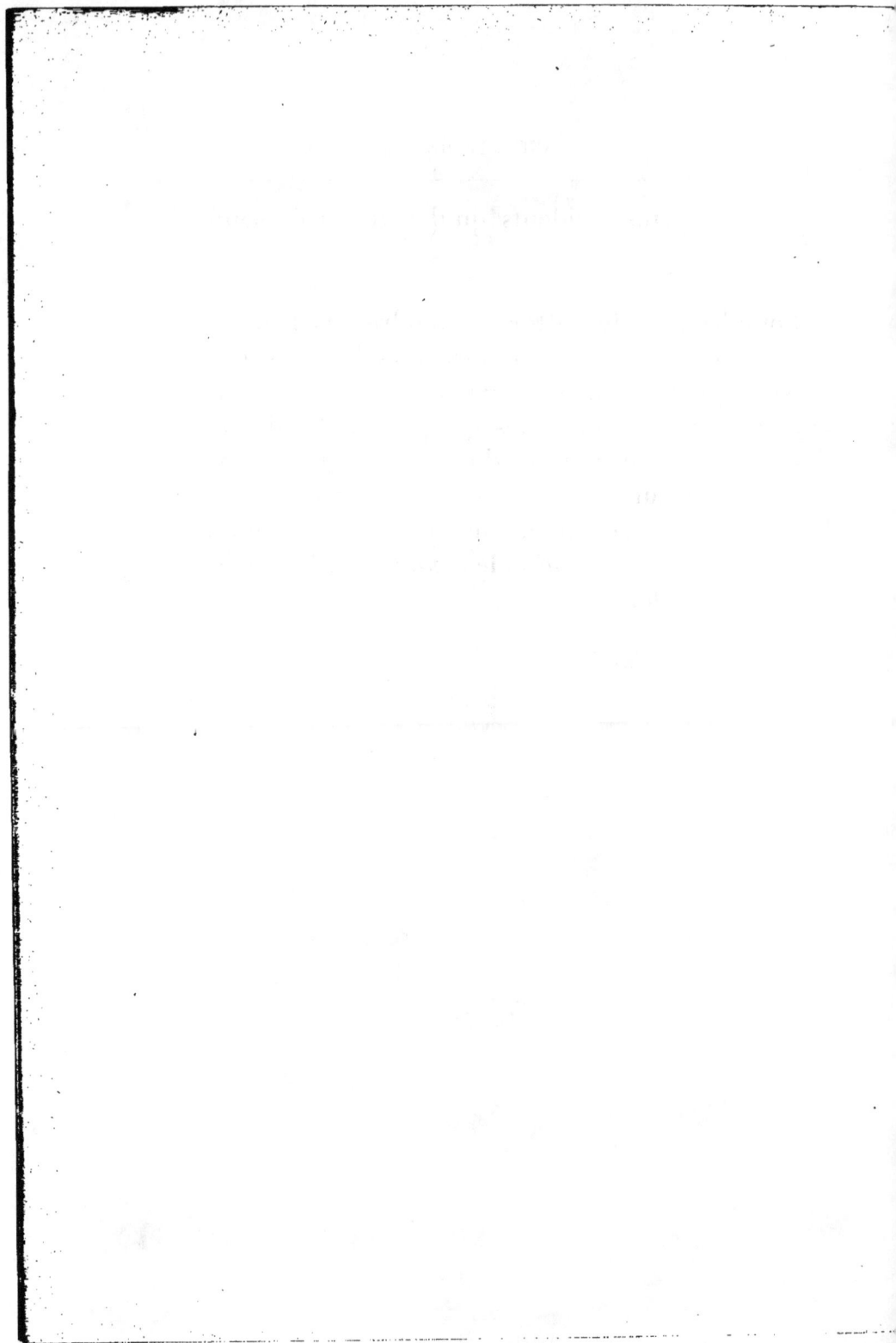

LE CONGRE

(*Murena conger.*)

Encore une victime désignée aux exploits de l'amateur de *pêche aux bains de mer!* Le congre est du nombre de certains types que la nature a répandus partout, sans doute parce qu'ils étaient simples et réellement utiles : il est cousin germain de l'anguille vulgaire, tout aussi commune dans les eaux douces que lui l'est dans les eaux salées.

L'anguille en effet va partout. Moitié reptile, moitié poisson, toutes les eaux lui sont bonnes, stagnantes et torrentueuses, pures ou fangeuses, profondes ou superficielles, toutes lui fournissent la pâture dont elle a besoin; par conséquent, dans toutes elle trouve à vivre et vit.

Le *congre* n'est pas favorisé par une aussi grande diversité de milieux : il a pour lui l'espace de la mer, c'est bien assez! Aussi en profite-t-il consciencieusement pour se glisser partout.

Que l'on pêche entre les rochers, que l'on pêche sur le sable, que l'on drague dans les herbes
ou que l'on senne sur des vases, on ramène du congre, en plus ou moins grand nombre, c'est vrai,
mais on en ramène toujours. A la ligne c'est la
même chose.

Il est cependant des endroits qu'il affectionne,
et que nous ne pouvons omettre d'indiquer au pêcheur : c'est le voisinage des rochers. Le congre
est sous ce rapport un commensal du *homard,* de
la *langouste* et du *crabe.* Chose curieuse! Il habite
dans les mêmes trous que ces crustacés, et la proxi-
mité des pinces redoutables de ses voisins cuiras-
sés paraît ne lui être jamais fatale. Y aurait-il un
pacte entre quelques espèces animales? ou plutôt,
ne peut-on expliquer cette cohabitation par l'impossibilité où l'un et l'autre sont de se faire mal
réciproquement?

Il n'est guère possible d'admettre que les dents
du congre, — cependant fort bonnes, — aient prise
sur la carapace du homard ou du crabe, et cependant je ne voudrais pas jurer que dans le moment
du changement de test, maître cuirassé ne fut parfaitement et facilement dévoré par le congre. D'un
autre côté, la peau visqueuse et glissante du dernier

Fig. 25. — La pêche du congre.

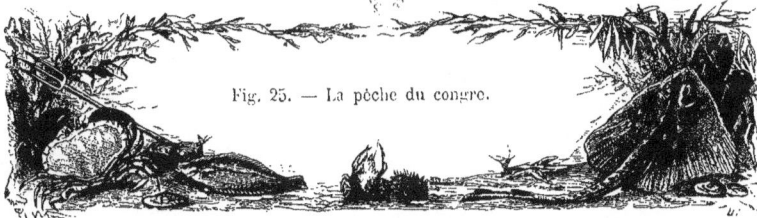

ne donne aucune prise aux pinces des crustacés, entre lesquelles il glisse comme une *anguille,* c'est tout dire. Telle est certainement la base de l'accord tacite qui réunit deux espèces si disparates, et qui n'ont de commun qu'un appétit insatiable de chair, vive surtout, morte au besoin.

Fig. 26. — Homard commun.

L'impossibilité de se causer un dommage réunit, même sur terre, d'autres animaux. On a beaucoup parlé, écrit et fait de bruit autour de la prétendue découverte des ménages bizarres que formaient les chiens des prairies américaines avec des hiboux à clapier et une espèce de serpent. Si les écrivains cynégétiques de nos pays avaient été consultés à ce sujet, ils n'auraient pas manqué de répondre, — comme nous le faisons ici, — qu'il n'est pas besoin d'aller dans les prairies américaines chercher des

exemples aussi curieux : toutes nos forêts remplies
de lapins en regorgent. Le Parisien le moins voya-
geur peut en acquérir la preuve dans la forêt de
Sénart, par exemple. Là, comme en beaucoup d'autres endroits, — en Bourgogne, pour n'en citer que
celui qui nous revient à la mémoire, — il nous est
arrivé de mettre un furet à la bouche d'un terrier,
et de voir le petit animal revenir et refuser obsti-
nément d'entrer.

Ceci indiquait, à n'en pas douter, ou la non-fré-
quentation du terrier, — et nous étions certain du
contraire, par les observations et les sondages des
bouches communicantes adjacentes, — ou la présence d'un animal étranger.

Vérification faite, nous ramenions une chouette,
qui se défendait comme un beau diable. Nous en
avons vu même attaquer le furet, qui revenait à nous
avec de petits cris plaintifs et les marques évidentes
du bec ou des serres de l'oiseau de nuit.

Quant à la présence, dans les terriers habités de
la même forêt, des vipères et des couleuvres à col-
lier noir ou jaune, aucun garde n'en doute, parce
que tous l'ont vu. Aussi, en prévision de la rencontre du premier de ces animaux, pas un ne four-

rera son bras dans les bouches, ainsi que cela se fait souvent pour une chose ou pour une autre.

Ainsi donc, en France, à nos portes, la même association existe que dans les prairies américaines, et peu de personnes s'en doutent, ceci est bon à noter.

Notre digression volontaire finie, il est temps de revenir au congre. La facilité avec laquelle ce poisson supporte le manque d'eau est égale, sinon supérieure, à celle que montre l'anguille dans les mêmes circonstances. Cependant l'animal marin ne quitte point son trou humide dans ce cas, et peut-être si l'on pénétrait dans l'intérieur de cette demeure, trouverait-on que le salon est plus qu'à demi aquatique. Toujours est-il que les mœurs du propriétaire ont donné naissance à une pêche que nous avons vu pratiquée aux environs de Pornic, au dessous de la Loire, et qui nous a fort amusé.

C'est la pêche au sabre.

A la basse mer, et surtout aux marées de syzygie, les gens du pays descendent au bas de l'eau et scrutent les rochers, — qui ne se découvrent qu'à

ce moment, — pour y trouver les gros crustacés
qui les habitent et que le manque d'eau tempo-
raire a fait rentrer au logis. Ordinairement les
pêcheurs sont trois : l'un armé d'un *ringard,*
c'est-à-dire d'une barre de fer mince et terminée
en crochet grossier et de forme différente à chaque extrémité, le second armé d'un vieux sabre,
le troisième porteur d'un simple sac.

Cette pêche se passe souvent avec de l'eau jusqu'à la ceinture, soit parce que les pêcheurs ont
voulu descendre aussi loin que possible, — et
c'est là que se font les plus belles captures, —
soit parce que la mer remonte et qu'on ne fuit
devant elle qu'aussi tard qu'on le peut. Le premier
pêcheur, — celui qui porte le ringard, — sonde
les trous et les fentes de la roche. S'il sent une carapace, c'est affaire à lui; mais s'il touche la peau
glissante du congre, il avertit son compagnon.
Celui-ci se place à côté du trou; le premier *four-
gonne* jusqu'à ce que le congre se décide à sortir.
L'animal le fait brusquement; il se dévide comme
un long ressort d'acier bleu. Mais il ne peut fuir
si vite que le pêcheur ne lui assène en passant un
coup de sabre, et le pauvre congre, les reins
brisés, tombe aux pieds des pêcheurs, qui le ra-
massent et le mettent dans leur sac.

On dira tout ce que l'on voudra des pêcheurs, mais, moi, je soutiendrai qu'ils ne sont pas bêtes! Je suis toujours en admiration devant celui, — *l'inconnu!* — qui a imaginé de substituer le *sabre* au bâton ou au ringard, de celui qui a deviné que le taillant de l'arme fendrait l'eau qui résistait au bâton et, inerte de sa nature, empêchait le choc d'atteindre la victime. Il y eut là un éclair de génie; probablement le paysan qui le conçut ne s'en douta jamais!...

Le congre parvient à une taille considérable. Nous en avons pris une fois un, dans la rade de Brest, qui pesait 17 kilogr. Ce n'est pas un monstre; on en prend aux grandes cordes de fond de beaucoup plus forts que cela, mais c'est déjà un monsieur fort respectable. Nous avons raconté un jour cette pêche merveilleuse dans le *Magasin pittoresque,* cette pêche, dans laquelle l'animal fut pris à l'hameçon sans avoir été touché par le fer. Nous avons déjà beaucoup vagabondé et *digressionné* depuis le commencement de ce chapitre, et cependant nous allons le faire encore pour raconter notre pêche : cette digression, — ce sera la dernière! à moins que nous ne fassions encore un serment... d'ivrogne! — cette digression est doublement utile pour le pêcheur novice, — c'est mon excuse! — *primo,* parce qu'elle lui apprendra comment on pêche le congre; *secundo,* parce qu'elle lui montrera qu'un pêcheur ne doit s'étonner de rien; la vérité ressemble souvent à une gasconnade, et la pêche comme la chasse, abonde en accidents qui font dire au public, toujours gouailleur : — *Tout chasseur, tout craqueur!* Prenons garde qu'on ne crée la variante : *Tout pêcheur!...*

Nous étions trois, deux Parisiens, le patron — et un mousse, — dans un petit bateau de pêcheur mouillé près du fort Bertheaume; le temps était superbe, le soleil d'aplomb sur nos têtes et l'eau tranquille comme un lac des montagnes. Voyez-vous d'ici les rochers noirs et verts du fort comme fond de tableau, autour de nous la mer verte, limpide, mouchetée de petites écumes blanches, et au premier plan notre bateau immobile, cuisant dans son goudron qui fondait autour de nous en nous happant au passage? A la barre le père Huédé, patron de la barque, un vieux loup de pêche qui sait sa rade de Brest et les environs sur le bout du doigt, qui lit sur le fond de la mer comme sur un livre, et nous pilotait dans nos excursions et nos pêches..., dont le vieux coquin avait tout le profit.

— Voyez-vous, mon ami, me disait-il, par les fonds de sable il n'y a rien à faire; vous prendrez quelques *grondins*, des *coquettes,* quelques méchantes *vives* ou des poissons plats! Malheur! Au lieu que par un bon fond de roches comme nous sommes, nous avons à choisir trente espèces de poissons..... Pas vrai, monsieur Henri?

— Oui, oui, père Huédé; vous avez raison, mais ça ne mord pas vite! Il paraît qu'aujourd'hui les poissons se promènent ailleurs.

J'ai dit que nous étions deux Parisiens dans le bateau : l'un, vous le connaissez, l'autre c'est Amédée. Comme il ne disait rien, nous nous retournâmes pour connaître la cause d'un mutisme aussi prolongé et aussi peu ordinaire de sa part. Il dormait! ou, s'il ne dormait pas, peu s'en fallait!

— Ohé! monsieur Médée, cria le père Huédé, ohé! vous laissez tomber votre chapeau dans l'eau.

— Mais non,.... ça va bien!

C'est mons Amédée qui se réveille, et qui veut

prouver que le soleil, dardant ses rayons sur sa
tête, n'a produit aucun effet sur son organisation
de fer. Il veut retirer la ligne que sa main tenait
négligemment le long du bateau...

— Qu'est-ce à dire, patron de malheur? Je tiens
au fond! Ma ligne est accrochée dans une algue
quelconque...

— Malheur! m'sieur Médéc, si vous tenez le
fond ici! Pas moyen... c'est du rocher!

— Je tiens le fond, père Huédé! répond le
dormeur éveillé.

— Ohé! mousse; vas y voir de quoi il s'agit,
et décroche la ligne de m'sieur Médée. Allons,
leste!

Le mousse Carnac, couché sur nos filets, parvient à entr'ouvrir un œil mourant et à s'éveiller
à peu près. Il saisit la ligne, la tire légèrement à
lui, et, sentant une résistance élastique...

— Faites excuse, patron, c'est un poisson et un
gros, ben sûr!

— Arrive à la barre! et passe-moi la ligne!

Le père Huédé n'a fait qu'un saut près d'A-médée... Il hale la ligne avec précaution, elle se

Fig. 27. — La pêche du congre.

détache bientôt du fond et flotte... elle pèse, mais pas de secousses... Nous n'étions pas trop de nous trois, fort intrigués de savoir ce que nous amenions.

Or, qu'est-ce que nous voyons monter entre deux eaux, puis se coucher le long du bateau?

Un congre énorme qui ne faisait aucun mouvement pour se défendre. On aurait dit une tige
monstrueuse d'algue flottante. Il fallut employer
la gaffe et le croc pour le hisser dans le bateau, ce
ne fut même pas une œuvre facile.

Arrivé là, l'animal se décroche et commence à
serpenter au milieu des cordages et des bancs; le
père Huédé le saisit par le cou, et c'est alors
qu'on s'aperçoit que l'hameçon ne l'a pas touché.
Voici ce qui était arrivé. Mons Amédée ayant
amorcé son hameçon d'un morceau de calmar,
avait laissé aller sa ligne à l'eau et s'était endormi.
Un *tacaut* de 0^m,30 de long, — un petit gade
analogue aux morues, — avait saisi l'esche et s'é-
tait pris à l'hameçon bel et bien. Or Amédée dormait toujours. Un congre qui passait par là vit ce
tacaut, fort empêché mais très frétillant, et le ju-
gea de bonne prise.

Malheureusement messire congre avait les yeux
plus grands que la bouche. Une fois le tacaut saisi,
le glouton n'avait pas voulu le lâcher... ou peut-
être ne l'avait-il pas pu.

En effet, les dents crochues qui garnissent ses
mâchoires étaient implantées entre les écailles du
tacaut qui lui remplissait la gueule avec effort.
Il fut ainsi amené par les dents et ne se décro-

cha que quand, en tombant dans le bateau sur
des corps durs, la chute ou le poids, comprimant
le corps du tacaut, permit aux dents de se dégager.

Le congre, ainsi pris par les dents, pesait 17
kilogrammes.

Le père Huédé déclara qu'il mourrait content,
qu'il avait pris le père des congres du pays, et
que m'sieur Médée était un fier pêcheur..., quand
il dormait.

Mais il faut rentrer dans notre sujet, la pêche
du congre. Nous y voilà.

Dire avec quoi on peut prendre le congre, ce
serait faire un dénombrement exact de toutes les
esches connues et inconnues employées à la mer. Si
vous essayez quelque appât insolite, pêcheur pro-
gressiste, soyez persuadé d'avance que le premier
poisson que vous prendrez avec lui sera un congre !
Vers de terre, vers de mer, blancs, rouges, noirs,
— l'*arénicole* est cependant une des esches dont
li se montre le plus friand, — poissons, mollusques, crustacés, viande de boucherie, etc., etc.,

il aime tout. La queue de *maquereau,* ou un joli petit *calmar* lui plaisent par-dessus tout. Il n'est pas difficile, comme vous voyez, ami lecteur, d'autant plus qu'en fait de ces esches, les pêcheurs prétendent que, pour le congre, les plus grosses sont les meilleures.

Comme ils connaissent bien le pèlerin !

Si je dessinais ici l'hameçon au moyen duquel les pêcheurs du Pollet pêchent les *congres* et les *raies* aux grandes lignes de fond, nos lecteurs reculeraient effrayés, car ils le prendraient beaucoup plutôt pour le croc d'une romaine que pour un instrument de pêche. Et cependant c'est avec cela, — et une *boîte* appropriée comme dimensions, — que l'on retire de l'eau ces énormes anguilles de mer, grosses comme la cuisse et longues à proportion.

Ce ne sont pas ces gros individus qui brillent par l'éclat de leurs couleurs; celles-ci ne sont magnifiques chez aucun, mais les congres, énormes sujets, se montrent toujours plus ou moins blafards, plus ou moins blanchâtres, tandis que les petits ont une assez ferme coloration noire ou bleue.

Y a-t-il plusieurs espèces de congre?

La science officielle dit *non;* mais, entre nous, je crois qu'elle n'y a pas encore beaucoup regardé!

Les pêcheurs disent hardiment : oui.

Ainsi, ils prétendent que le congre noir, petit, vif, dont nous parlions tout à l'heure, ne grossit jamais et n'est pas du tout la même espèce que les grandes anguilles blanches. Ils appellent le petit *un fouet,* et vous montrent très bien la différence qui existe entre sa coloration et celle des petites anguilles blanches qui, elles, deviendront grandes, pourvu que Dieu leur prête vie,... et la nourriture abondante des grands fonds d'eau.

Le *fouet* est l'espèce que l'on prend le plus souvent à la ligne, non seulement auprès des rochers, mais encore sur bon fond de sable et d'herbes. Dans les ports, le congre est également commun. On le voit entrer avec la marée et faire la chasse aux *blaquets* qui pullulent dans les coins, le long des murs, et que l'on peut appeler à bon droit les *ablettes de la mer.* Pour nous, pêcheurs amateurs qui ne recherchons que le plaisir, cette pêche du fouet est l'une des plus faciles. Nous la

faisons au moyen de la même ligne qui nous sert
pour les *officiers;* seulement, nous changeons, et,
au moyen de bons limericks courbes n° 3, nous
arrivons à servir à ces goulus, une bouchée de
vers ou de chair qui n'est pas beaucoup moins
grosse qu'un œuf de perdrix. C'est là la bonne
dimension pour allécher messieurs *les fouets.* Avec
une *boîte* plus petite on les prend également, —
c'est ce que je fais, quand je n'ai comme amorce que
de la gravette, — mais on ne prend que les plus
petits. En mer comme en rivière, les gros poissons
dédaignent d'attaquer les petites esches qui ne leur
semblent pas *dignes d'eux.*

Le congre attaque hardiment, et mord bien; il
tient quelquefois au fond comme une herbe à laquelle l'hameçon serait accroché : c'est qu'il a pu
tourner sa queue flexible autour d'un obstacle. Il
faut agir de prudence et, bien loin de forcer, im-
primer quelques tractions très légères à la ligne,
pas trop afin de ne pas agrandir le passage de l'hameçon, mais assez pour que la douleur que l'on
cause à l'animal le détermine à lâcher prise.

Que voulez-vous! Un pêcheur n'est pas petite
maîtresse...

Une fois arrivé à la surface de la mer, le congre prend deux attitudes. S'il est gros, — espèce blanche, — il se laisse aller comme un morceau de bois et ne se défend que dans le bateau, quand il sent une surface solide pour appui. S'il est petit, comme les *fouets*, il commence une sarabande effrénée. La tête en bas, il relève sa queue le long de la ligne à laquelle il s'entortille; en un mot, il se livre à toutes les contorsions d'une anguille véritable, et tous ceux qui en ont pêché à la ligne en eau douce savent ce que nous voulons dire. Aussi la première chose à faire est-elle de recevoir le *fouet* dans une épuisette. Là du moins, en tendant la ligne, on évitera autant que possible que la maligne bête ne fasse de celle-ci un peloton qu'il faut ensuite une heure pour démêler.

Ici se présente une remarque intéressante. Pourquoi ne prend-on jamais, et n'a-t-on jamais pris un congre plus petit que les *fouets*, et un *fouet* plus petit que tous ses pareils? Pourquoi tous sont-ils, à très peu de chose près, de la même grandeur? Où sont les plus jeunes?

On connaît la *montée*, cette semence d'anguilles naissantes qui, mise en eau douce après avoir été pêchée en eau saumâtre, donne bel et bien des *anguilles*. L'expérience est faite; tout est dit.

Mais le *congre?*...

Où est la *montée* du congre?

La *montée* devient-elle anguille en eau douce, congre en eau de mer, ainsi que quelques-uns le prétendent? — Cela est difficile à admettre, le nombre des vertèbres n'étant pas le même chez les deux animaux.

Mais, admettant cela, que devient l'animal entre l'état de *montée* et celui de *fouet?* Pourquoi ne l'a-t-on jamais vu? où va-t-il?... L'anguille, elle, est connue à ses divers états. Il est évident que les *civelles* de la Loire sont bien des *montées* grossissantes à mesure que le temps s'écoule, et que les individus remontent plus avant le fleuve pour gagner les ruisseaux et les étangs où ils se cantonnent.

Mais le congre?

Nul ne sait quelque chose à son sujet.

On prend le congre comme on le trouve, voilà tout. Personne n'a jamais étudié ces curieuses ques-

tions. Nous les soumettons, dans un but d'étude,
à nos lecteurs. Nous ne dirons rien de la question,
— également inconnue et également importante,
— de la reproduction des anguilles. On ne sait pas
plus le *comment* de celles de mer, que de celles d'eau
douce. Les faits, les observations pour les secondes
s'accumulent lentement et l'on commence à soup-
çonner qu'elles sont ovovivipares, mais quant au
congre, l'obscurité est encore complète.

Ce qui peut nous consoler, c'est qu'en fait de
poissons, — et surtout de poissons marins, — la
science fourmille de lacunes. Sans doute les moyens
d'observation ne sont point faciles, mais, si l'on
s'en occupait?

Après cela, pourquoi s'en occuper, quand rien
ne vous encourage? En ce moment, la mode est aux
bâtisses et aux chemins de fer : un jour viendra
peut-être où elle se tournera vers la science!...

En attendant, les mœurs du congre, — et de bien
d'autres, — restent une énigme.

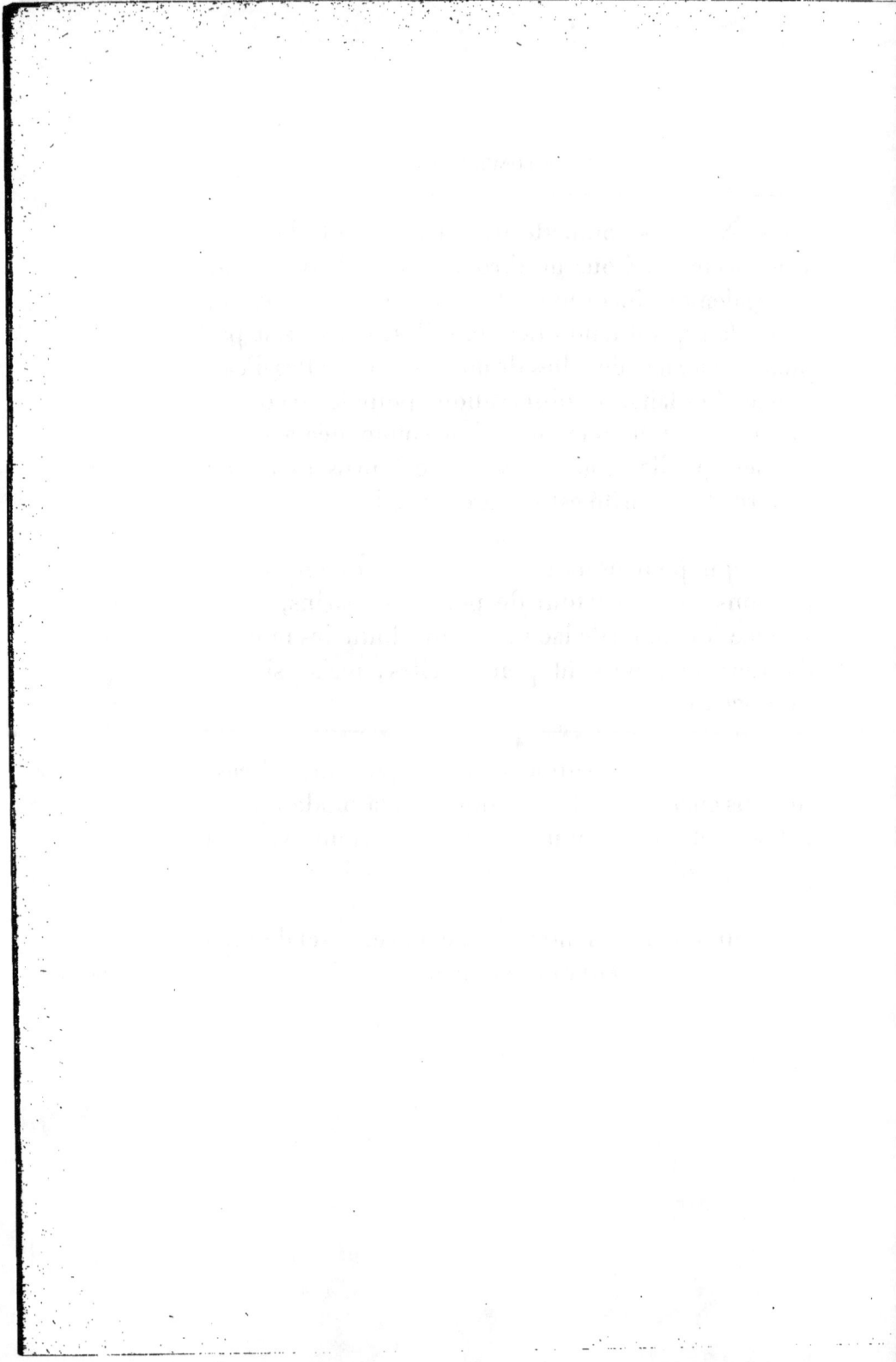

LA SENNE

Ce serait une grande erreur, chers lecteurs, de croire que, pendant votre séjour aux bains de mer, la pêche à la ligne seule vous soit ouverte. Vous pouvez également jouir de la pêche au filet; mais pour celle-ci, il vous faut faire connaissance avec un pêcheur du pays et vous servir, ainsi que lui, du filet réglementaire indiqué pour la pêche que vous voulez exécuter.

Rassurez-vous! Après avoir été tellement compliquée qu'elle en était devenue vexatoire, la réglementation de la pêche maritime est devenue beaucoup plus large, grâce aux idées progressives des derniers ministres de la marine et, — il faut bien le dire un peu, — grâce aussi à l'observation de ce qui se passe chez nos voisins, observations que les rencontres des commissaires internationaux ont rendues plus fréquentes et plus efficaces. Les idées sont plus faciles à communiquer qu'on ne pense, et, tel qui croit n'être pas convaincu, sort d'une conférence imprégné, malgré lui, d'une manière de voir qu'il adoptera comme sienne à son insu et qu'il répandra plus tard autour de lui.

Mais la pêche nous réclame, et au lieu de disserter sur la transmission internationale des idées, nous sommes ici pour apprendre à nos amis baigneurs comment on ne paraît pas novice au milieu des pêcheurs de profession.

L'engin le plus simple de tous, — et celui qui procure souvent de très bons résultats, — est la *senne* pure et simple. C'est celui dont nous voulons parler.

La senne que l'on emploie en mer ne diffère en aucune façon de la senne dont on se sert en eau douce. Figurez-vous une grande pièce de filet de 50, 100, 150 mètres de long, sur une hauteur de 1 à 2^m, — tout cela dépend et des fonds par lesquels on veut pêcher et du nombre de bras dont on dispose pour manœuvrer le filet, — de sorte que le tout ressemble à une énorme pièce de toile.

Ajoutons, au bord de chaque côté long, une cordelette solide passée, dans les mailles d'abord, et bien arrêtée : chargeons l'une de balles oblongues en plomb et l'autre de flottes carrées ou rondes en liège, et nous aurons un filet qui, mis dans l'eau, se tiendra vertical, les plombs au fond, les lièges en haut, et qui formera un barrage. Aux deux bouts, — les petits côtés, — on adapte un bâton égal à la largeur du filet, à chaque extrémité duquel on attache deux cordelettes qui se réunissent à la corde sur laquelle les hommes tireront pour mener le filet. En faisant varier la position du point d'attache des cordelettes vis-à-vis l'une ou l'autre extrémité des bâtons, on fait changer la marche et l'inclinaison du filet. Cela se comprend de soi.

Un certain nombre de sennes portent, au milieu de leur longueur, un sac ou prolongement en filet, tantôt flottant librement, tantôt soutenu par des cercles en bois. Ajoutons, de suite, une précaution que peu de personnes connaissent et qui rend de grands services tant en mer qu'en rivière. Nous n'avons pas besoin de faire remarquer que la senne est un *barrage mobile* qui se pose à une certaine distance du bord, prend une forme semi-circulaire et se tire au rivage, amenant à terre tous les poissons qui se sont trouvés enserrés dans le circuit du filet. Il est à peine besoin d'expliquer que la poche ajoutée au milieu a pour but de recevoir les poissons qui, alors, ne peuvent plus ni sauter par-dessus le filet, ni passer par-dessous, ce

qu'un grand nombre fait avec la plus grande dex-
térité.

Malheureusement la senne ne porte pas toujours
sur un fond uni comme un parquet; ce qui gêne
le plus, ce sont les herbes. Le filet les arrache, en
tout ou en partie, il en fait une énorme pelote
qui roule en marchant et enroule en même temps
le filet. Les lièges plongent d'un côté, les plombs
sont soulevés de l'autre, et pendant ce temps le
poisson file... file... et disparaît.

Or les pêcheurs, — quoi qu'en dise le dicton,
— ne sont pas aussi naïfs qu'on le croit. Ils ont
trouvé un bien simple remède : celui d'attacher,
derrière la corde de fond, cinq ou six petits cerceaux de bois..... Ceci fait, la senne ne se roule
plus.

C'est prodigieux, n'est-ce pas? C'est comme cela.

Comment agissent les petits cerceaux, traînant
derrière la senne, pour empêcher les herbes de
devant d'être coupées?..... Ni moi non plus!

Mais, essayez-en, et vous m'en direz des nou-
velles.

Fig. 28. — La pêche à la senne.

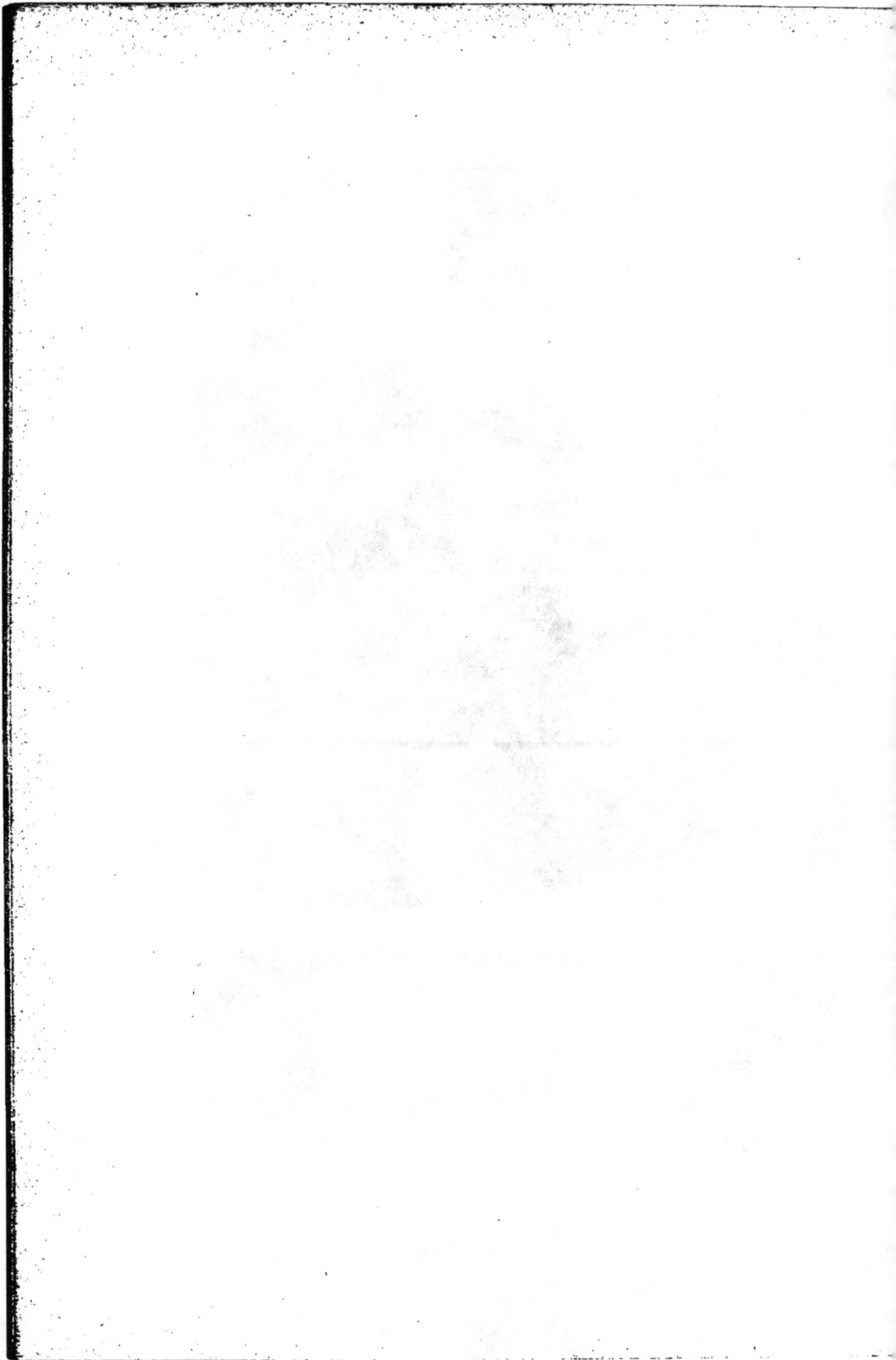

Pour une senne de 60 mètres, les cerceaux employés étaient ceux d'un petit baril à harengs, ayant à peu près de $0^m,30$ à $0^m,40$ de diamètre. On pourrait aller jusqu'à $0^m,50$ sans inconvénient.

Mais la baleinière nous attend, c'est celle d'un petit bateau de l'État, commandé par le lieutenant de vaisseau H***, aussi bon pêcheur qu'aimable compagnon et bon convive. Embarque! et les huit ou dix matelots nécessaires sont aux avirons ou juchés sur les baquets, sur le filet enroulé sur lui-même ou sur n'importe quelle chose à l'avant. A l'arrière, le capitaine et votre serviteur. Nous allons visiter quelques anses abritées de la côte bretonne, car la pêche à la senne est d'autant plus fructueuse que l'on peut *barrer*, au moyen du filet, une petite baie, une crique dont le fond de sable fin permet de tirer le filet sans que la présence de rochers l'arrête, brusquement accroché, ou lui fasse faire de trop fréquents soubresauts.

Lorsque le filet accroche dans une pointe de roche la corde de fond qui le retient, il n'y a qu'un remède, c'est, au moyen de l'embarcation qui suit la marche du filet, vers le fond de la courbe qu'il décrit, employer le croc à soulever la corde jusqu'à ce que le rocher passe. Mais, que de poissons

passent en même temps! Deux ou trois algarades
semblables suffisent, et au delà, pour que l'on ait
un coup si creux, mais si creux!... qu'il n'y reste
rien!

Or, la côte de Bretagne offre de nombreux
bras de mer qui s'enfoncent fort loin dans les terres,
présentant la largeur d'une modeste rivière, se di-
visant et se subdivisant en trois ou quatre autres
bras bizarrement contournés et offrant ce curieux
spectacle que les arbres des haies qui les bordent
poussent absolument sur le rivage, et ont leurs racines aussi bien baignées par l'eau marine qu'ils
les auraient par les ondes douces d'un étang.
Nous ne sommes point habitués, avouons-le, à voir
les rivages de nos mers couverts d'arbres, car ces
rivages, balayés par le vent salé, brillent, le plus
souvent, par l'absence de toute végétation.

Ajoutons à ce curieux spectacle les rochers bizarres surgissant du sol, les dolmens gigantesques
dominant une anse bien tranquille, un menhir
par-ci par-là, pointant sur la lande la croix grossière que les Bretons pieux ont cru devoir planter
sur ces pierres du diable! Sous les pieds, un sable
blanc comme la neige, parsemé de mica brillant;
l'eau limpide roulant là-dessus frangée d'écume

Fig. 29. — Pierre druidique.

blanche; sur la tête, le ciel bleu, l'air doux de la mer calme, le soleil brillant d'août.... et vous aurez la mise en scène complète de notre drame.

Parmi toutes les criques du voisinage, H*** avait fait choix de la baie de Pouldohan, comme celle dans laquelle nous essayerions notre chance. Aussi, on débarque sans bruit parmi les rochers couverts de varechs, — les matelots ont, en passant, sondé de l'œil l'aspect du fond de la petite anse où nous entrons, — tout paraît favorable. Sables, peu d'herbes, peu de roches! Bravo!

Deux hommes restent près de nous, au rivage,

tandis que la baleinière s'éloigne emportant le filet
et dévidant de la corde à nos deux matelots du rivage. Arrivée à une certaine distance du rivage,
la baleinière met légèrement le filet à l'eau tandis
que deux hommes, ramant doucement, dirigent
l'embarcation de manière à barrer le centre de la
crique. Comme celle-ci se rétrécit naturellement en
avançant dans les terres, le filet la fermera complètement en temps utile. Une fois tout le filet à
la mer, les hommes descendent avec l'autre gre-
lin vers l'autre côté de la crique et le halage du filet commence.

Pendant ce temps-là, la baleinière, conduite
très doucement, suit la ligne des lièges; deux
hommes, restés à bord, soulèvent un peu le filet
quand les flottes disparaissent, sont prêts à dégager
la corde de fond des roches qui pourraient l'arrêter, en un mot aident à la marche de la senne qui
doit se resserrer en un arc de cercle régulier dont
le rivage est la corde.

Peu à peu la forme de la courbe change, les deux
extrémités de l'arc se rapprochent, un cercle complet se forme : les deux cordes sont même croisées l'une sur l'autre et, dans cet état, la senne est
tirée à la façon d'une bourse à coulisse dont l'ou-

verture se rétrécirait sans cesse d'un mouvement lent et uniforme. C'est alors que des élans tumultueux se manifestent dans l'intérieur du filet : c'est alors que la pluie des mulets se montre dans toute sa splendeur; c'est à qui d'eux sautera le plus haut par-dessus la ligne des lièges, et pas un ne s'en fait faute!..... Quand on s'aperçoit que l'on a eu la chance d'enfermer une troupe de mulets *sauteurs*, — nous distinguons, car il y en a qui ne sautent que peu ou prou, — il faut hâter le mouvement et serrer le filet aussi vite que possible, sans cela on ne prendra pas un mulet sinon ceux qui, blessés, n'auront pu faire le saut périlleux.....

Rien n'est joli comme cette éruption de poissons argentés s'élançant en gerbes dans toutes les directions et retombant à la mer comme une pluie métallique. Quelques-uns même se trompèrent de route et sautèrent dans la baleinière, où ils furent néanmoins les très bien reçus!

Dénombrement des victimes..... ceci est important.

Apportez le baquet, et voyons ce que la chance

nous a envoyé pour confectionner tout à l'heure la soupe au poisson.

H***, en pêcheur consommé et enragé, a quitté bas et bottines, relevé le pantalon jusqu'aux genoux et le voilà, pataugeant dans l'eau et le sable mouillé, faisant le tri des captifs. Nous enregistrons à mesure.

Vieilles vertes (*labres*), deux grandeurs : les unes presques naissantes, les autres adultes, *énormes*, dodues; pas de rouges; on ne les trouve que dans les grands varechs, ici nous avons pêché sur fond de sable presque sans herbes. Cette distinction des mœurs de deux poissons qui ne diffèrent que par la couleur est curieuse et nouvelle : les *savants* ne considèrent les deux *vieilles*, rouge et verte, que comme deux espèces à peine distinctes : nous, nous ne sommes pas de leur avis et nous dirons un autre jour pourquoi. Mais ce n'est pas tout ce que nous remarquons ici. Pourquoi deux grandeurs seulement du même poisson? Où sont les âges intermédiaires? Est-ce à dire que le frai du *labre vert* habite la côte et que, plus âgé, il descend aux grands fonds d'où il ne revient qu'adulte, peut-être pour frayer? Cela semble probable.

Continuons, par deux petits poissons très communs, mais inutiles et ne pouvant même pas servir d'esches.

Syngnathes (aiguillettes, poisson pipe, etc.) de trois espèces, toutes trois grainées et remplies d'œufs : plus tard nous raconterons les expériences que nous avons faites avec ces petites créatures

Fig. 30. — Syngnathe aiguille.

chez lesquelles le mâle couve les œufs que pond la femelle, les élève, les défend, etc., etc.

Spinachie : c'est l'*épinoche de mer*. Fait aussi un nid curieux et rappelle, par sa voracité et ses mœurs, sa sœur l'épinoche — ou *savetier*, — le fléau de certaines eaux douces.

Mais voici venir à présent le gros de l'armée comestible.

Mulets sauteurs et autres : *athérines* ou prêtres, énormes, — ce sont les ablettes de la mer, les mulets en sont les chevesnes, — ainsi que nous l'avons hasardé à l'article de leur pêche.

Bars gros et moyens : respect à eux! Ce sont perches de haut goût et de bonne saveur!

Plies, turbotins, barbues, tout cela pas gros, mais suffisant pour faire plus tard une friture homérique.

Vives et *cottes,* s'enfonçant dans le sable mou. Gare les pieds! gare les mains! Aussi, voyez comme les matelots fouillent avec précaution, et comme chaque animal de l'espèce malfaisante est saisi avec respect et envoyé au frais sur les rochers chauffés par le soleil à pic! C'est que la vive, — et son cousin le cotte, — sont de dangereux compagnons. La piqûre des pointes acérées dont leurs opercules et leurs nageoires sont abondamment munis, forme un abcès des plus douloureux, accompagné de fièvre et de douleurs qui persistent fort longtemps. Nombre de pêcheurs ont été estropiés par ce malencontreux poisson.

La science soutient que l'épine de la vive n'est pas empoisonnée parce qu'elle ne communique à aucun appareil spécial propre à distiller ou contenir un venin. Nous sommes encore en désaccord complet avec la science sur ce point....., parce que son raisonnement ne prouve rien!

Il est vrai que la vive n'a pas, près de ses épines, une glande semblable à celle de la dent des
vipères ou de l'aiguillon de l'abeille, mais cela
prouve-t-il, — ce que je crois, — que tout le
mucilage qui revêt le poisson, et l'aiguillon comme
le reste, n'a pas de propriétés toxiques?

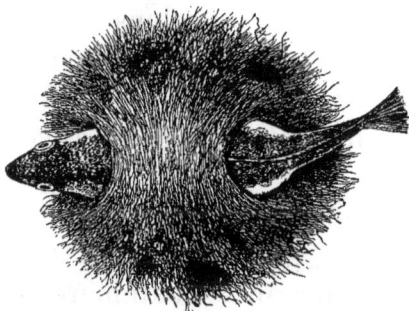

Fig. 31. — Épinoche femelle dans son nid.

Qui le sait? Où sont les expériences faites?

Et encore? Qui prouve que la chimie découvri-
rait le principe malsain? Est-il appréciable à nos
recherches?

Probablement; mais, qui le sait encore?

Ce qui est certain, c'est la douleur, c'est la ma-
ladie, c'est l'effet et cela pour une plaie parfaite-

ment saine des détritus ou du sable que la science
y voit et prend comme cause d'inflammation. Il n'y
a ni détritus, ni sable dans une plaie faite par un
instrument aussi exigu qu'une épingle trempée
immédiatement dans l'eau de mer. Rien n'y fait.....
le mal suit sa marche.

Tandis que nous en parlons — l'occasion est
tout en ce monde! — rendons aux pêcheurs amateurs et autres, le service de leur donner, — pour
rien, — le remède de ces sortes d'accidents.

La *vive* est un poisson relativement petit, car
on n'en trouve guère dont la taille dépasse
trente-cinq à quarante centimètres. Vue dans
l'eau, la vive paraît rayée de jaune brun; elle
nage comme le *grondin* dont elle a un peu les formes
générales, et tend, de chaque côté, ses grandes
nageoires pectorales, laiteuses et transparentes
cependant : elle fait, comme lui, serpenter sa
queue pour avancer. Sa véritable habitation est,
non l'eau, mais le sable submergé dans lequel
elle s'enfonce guettant sa proie de ses deux gros
yeux placés haut sur sa tête; sa défense consiste
en deux épines placées à l'arrière des ouïes et
une petite nageoire dorsale très courte, à six
rayons fort pointus et écartés en éventail. Toutes

les pointes de ce poisson se montrent également
venimeuses, quoique l'on constate cependant que
quelques personnes se rencontrent naturellement
à l'abri de ces effets; mais la même chose se remarque vis-à-vis la plupart des substances toxiques : champignons, moules, œufs de poisson, etc.

Les remèdes contre les effets. de ce poison ne

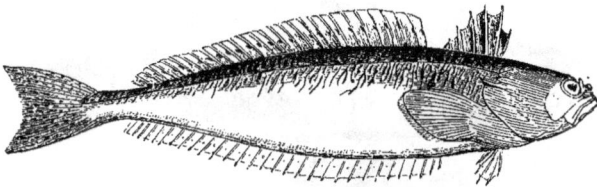

Fig. 32. — Vive commune.

manquent pas, et presque tous les auteurs qui se
sont occupés de pêche les mentionnent. En Angleterre, les frictions grasses semblent prévaloir.
Couch recommande l'huile, Peach l'huile mélangée
de laudanum. En France, les pêcheurs ont rarement
ces substances à leur disposition; l'eau salée n'est
qu'un palliatif, mais, guidés sans doute par l'expérience, ils ont remarqué que le foie très huileux du
poisson même, écrasé et appliqué sur la blessure,
était le remède par excellence. En trois heures, la
douleur disparaît. Lomery conseille d'appliquer

sur la blessure de l'esprit-de-vin, ou un mélange
d'oignon et d'ail pilé avec du sel. Nous pensons que,
lorsqu'on le pourra, une application d'acide phénique en compresse sera très efficace, car ce corps
est un cautérisant énergique. Peut-être, malgré
cela, ne vaut-il pas l'huile. Noël de la Morinière,
jeune encore, fit la cruelle expérience de la piqûre de la vive en saisissant imprudemment un de

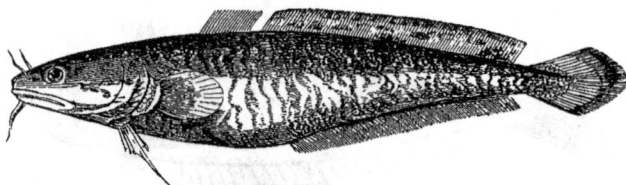

Fig. 33. — Gade lotte.

ces poissons au milieu des rochers de Varangeville
près Dieppe, et il se plaint, dans ses mémoires,
de la douleur cuisante et terrible qui fut la suite
de son accident. Avis donc aux pêcheurs amateurs.

Ceci dit, et la conscience tranquille parce que
j'ai pu être utile à quelques pêcheurs, rien ne
nous empêche de reprendre l'énumération de nos
victimes. Elle tire d'ailleurs à sa fin. Nous nomme-
rons l'*orphie* dont une bonne demi-douzaine grouil-
lait à nos pieds, autant de petits *gades*, auxquels,
dans le pays, on donne le nom d'*officiers*. Ce sont,

pour la plupart, les espèces riveraines de la famille des *morues,* auxquelles il faut joindre quelques jeunes *lieux* et *cabillauds;* enfin du frai de
grondin arrivé vraisemblablement à sa seconde ou
troisième année.

Tel fut notre bilan.

Recommencer était chose inutile : le poisson,
effarouché par le bruit et le mouvement, avait
quitté la baie. La mer n'est pas comme un étang
dans lequel on peut essayer à loisir de prendre
des poissons qui ne peuvent fuir; ici l'espace leur
est ouvert, et ils en profitent.....

Tandis que le poisson était trié et serré, une
petite escouade travaillait à deux apprêts.

Sur des pierres adroitement agencées, — marins
et soldats c'est tout un pour savoir faire la soupe!
— s'élevait le feu au milieu des rochers. Le petit
baril d'eau douce était débarqué, la marmite allait
être mise au milieu de la flamme. Inutile de dire
que bois, eau, marmite, vaisselle et le reste.....
étaient sortis des flancs de la baleinière. Ce que des
matelots peuvent mettre là-dedans est incroyable.

Déjà je m'apitoyais sur le sort regrettable de
tant d'infortunés pêcheurs qui n'avaient point pris
un seul congre et se trouvaient incapables de confectionner une soupe au poisson convenable,
quand H***, qui n'attendait que mes doléances
pour exécuter son coup de théâtre, tire, — ma
foi! je ne sais plus d'où, — un superbe congre
qu'il avait apporté, — toujours dans la bienheu-
reuse baleinière! — sachant que la baie de Pouldohan n'en fournirait point.

Une belle chose, hein? que la prévoyance!

Faire la soupe au poisson est la manœuvre la
plus facile du monde; mais la faire bonne, c'est
autre chose!

Dans la marmite, vous empilez tous les poissons
que vous avez pris : — bien entendu, le maître
coq les a vidés au préalable et fortement lavés
dans la mer, — vous n'y oubliez ni le congre par
tronçons, ni la vieille en abondance; vous ajoutez
carottes, oignons, bouquet; vous avez dans vos
poches, poivre beaucoup! quatre épices, muscade,
etc., etc. Une petite pharmacie portative et, —
surtout n'oubliez pas! — une forte pincée de poivre de Cayenne : c'est le nerf de la chose!

Laissez bouillir en plein air, mais couvert.

La chose étant bien cuite, un beau bouillon jaune d'or se montre à la surface : vous en profitez pour y plonger un énorme morceau de beurre frais et vous salez à point. Il n'est pas défendu de goûter.....

Coupez le pain menu et surtout choisissez une grande soupière. Trempez! servez, et mangez chaud!

On y revient beaucoup.

Ce n'est qu'à la troisième assiettée comble, au bord de la mer, que l'on commence à goûter le bouquet de ladite soupe au poisson.

Quant aux poissons qui ont bouilli, c'est affaire aux matelots!...

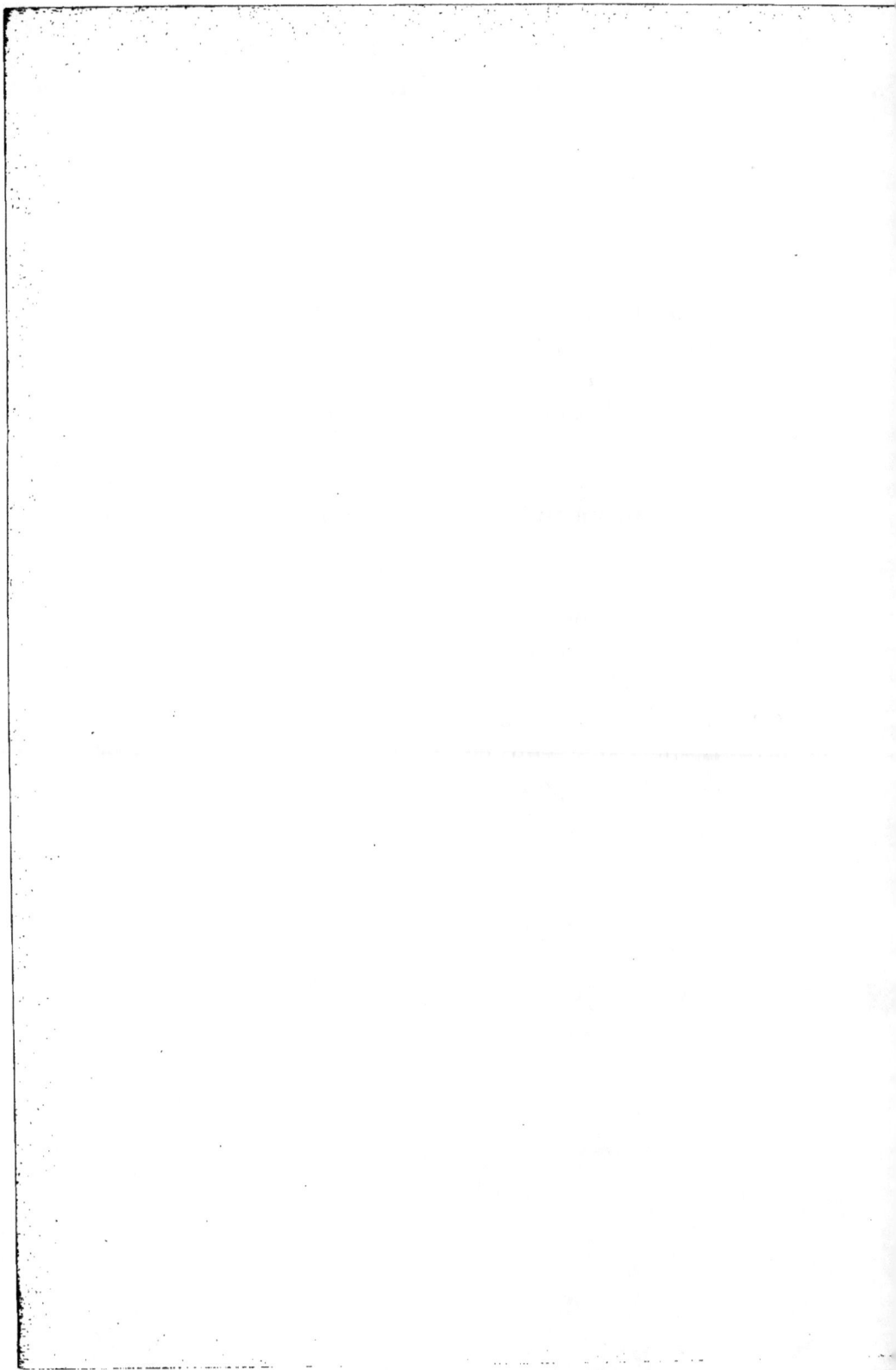

LE MAQUEREAU

A brisk breeze, a fair sky, the boat in quick
and constant motion, all is calculated to in-
terest and excite.

(*Wild sport of the West-Ireland.*)

La mer est triste, le temps est bas et sombre.

Sur le ciel gris courent de longues bandes de
nuées qui vont se perdre parmi la brume lointaine.
Dans l'espace, souffle une brise aiguë qui fouette
la mer et fait courir les unes après les autres de
petites lames moutonnantes. Çà et là des têtes de
roches noires habillées de varechs jaunes, flottant
comme un manteau tout autour d'elles, se dres-
sent. Le flot, poussé par la brise, y frappe, écume,
mugit et rejaillit en longues gerbes blanches.

La mer est triste. C'est un temps à maquereau.

De place en place, dans la baie, de grandes trou-

pes de goëlands, de mouettes se balancent, plongent, se poursuivent : c'est que là-bas nage un
banc de poissons. Solitaire, le cormoran, — le
philosophe, comme l'appellent les pêcheurs bretons,
— vient se poser sur la pointe d'une balise appor-
tant à son bec un maquereau.

Alerte, pêcheur!

Mais comment faire? La pêche du maquereau
n'est point de celles que l'amateur puisse exécuter
seul, sans aide et sans apprêts. Il faut ici une embarcation capable d'aller au large de la baie, même à
quelques kilomètres des côtes, chercher les bancs
de maquereaux qui rôdent et tantôt approchent,
tantôt fuient le rivage. C'est le cas de faire connaissance avec un pêcheur du pays. En général la
connaissance est facile à faire. Il existe une clef qui
ouvre tous les cœurs, et quand on ajoute au passe-
partout argenté l'air affable, la voix décidée et l'ac-
cueil ouvert, on est bientôt, pour de bon, l'ami
de ces braves gens. Alors, c'est à la vie et à la
mort.

Partons donc! le patron s'impatiente. Il vente
une bise que nous appelons en France *carabinée*,
et que les Anglais nomment une *brise à maque-*

Fig. 34. — Pêche du maquereau sous voile.

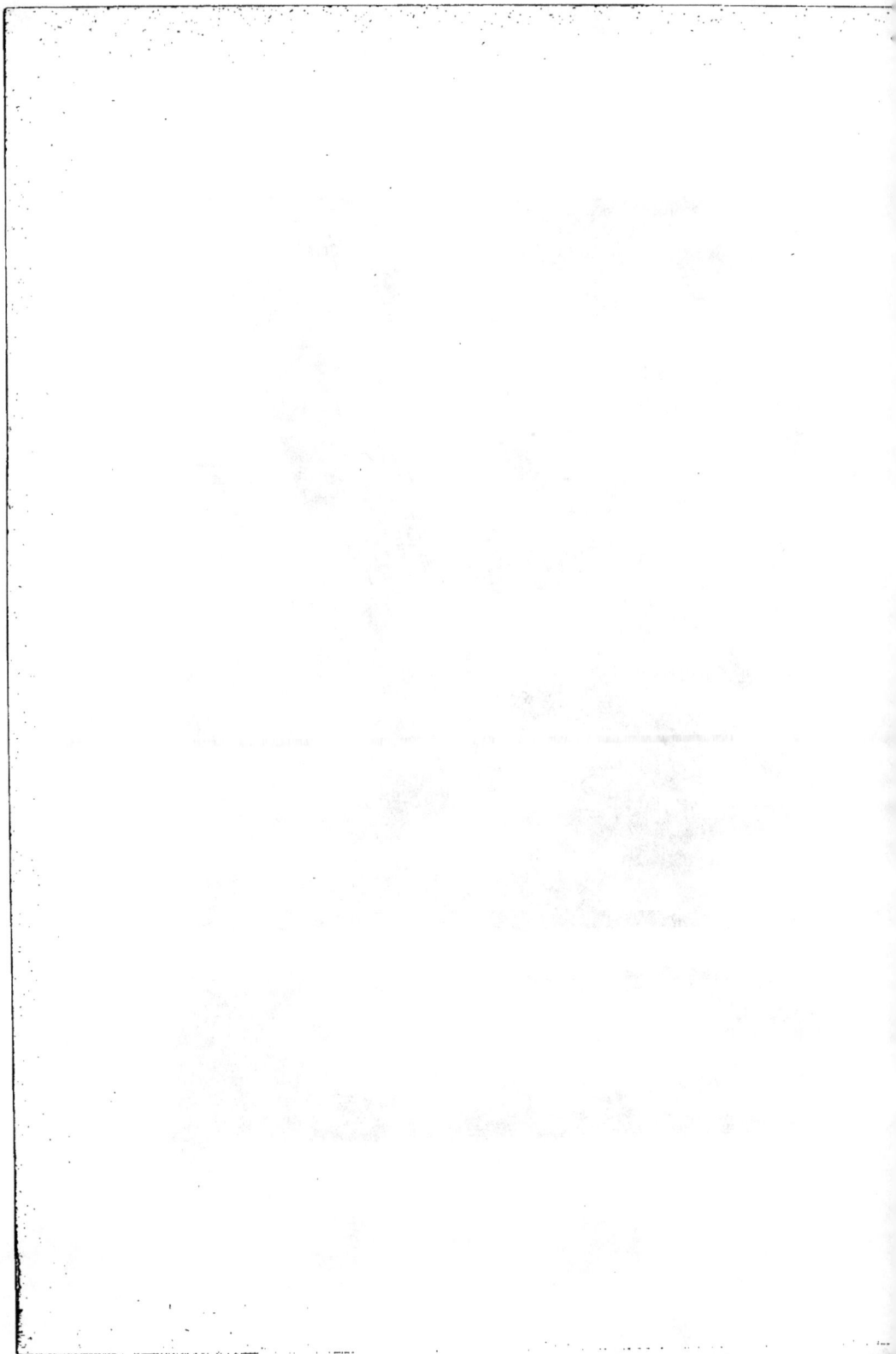

reaux; c'est tout dire. Mais nous ne pouvons emmener ainsi l'amateur sans lui dire où nous sommes et où nous allons, car la pêche du maquereau est différente suivant les mers où elle se fait. Dans les eaux transparentes et chaudes de la Méditerranée, nous ne le pêcherons pas comme dans la Manche, plus froide, et sur les côtes de Bretagne, à la vague sans cesse brisée et écumante.

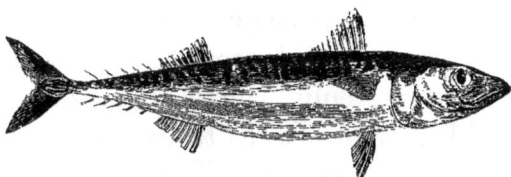

Fig. 35. — Le maquereau.

Nous sommes en face des côtes d'Angleterre, et, partis de l'un de nos ports picards ou normands, nous allons à la recherche des bancs de maquereaux qui, descendant du Nord, sont venus se faire prendre en quantités immenses aux grands filets. Ces poissons recherchent à ce moment nos hauts fonds pour y faire leur ponte, et la quantité que l'on en pêche vers cette époque est phénoménale. Arrivés *sansonnets,* c'est-à-dire sans laite ni œufs, ils repartiront vers septembre, alors *chevillés,* c'est-à-dire vides.

C'est à ce moment que la pêche à la ligne commence.

Dès août elle est bonne. Le poisson, épuisé par
la ponte, a faim; le besoin de la réfection est in-
tense : il mange, il happe tout ce qui, sur son
passage, a forme de poisson ou figure un peu insolite qui tente sa gourmandise insatiable. Aussi ai-
je consigné, à l'article de mon *Dictionnaire général
des pêches,* que les Anglais ont découvert dernière-
ment les vertus miraculeuses d'un bout de tuyau
de pipe en terre, enfilé sur la ligne, un peu au-
dessus de l'hameçon. J'avais trouvé cela dans l'*Histoire naturelle d'Irlande,* par Thompson.

Vous comprenez sans peine, lecteur, qu'un poisson animé de goûts semblables est facile à prendre.
C'est ce qui a lieu. Le difficile n'est pas en effet
de piquer le maquereau, c'est de le rencontrer.
Quoiqu'il marche en bandes, — en *bancs,* comme
on dit, — la mer est grande; un banc, quelque immense qu'il soit, est bien petit en comparaison de l'étendue qui l'entoure. Il faut aller au
hasard. C'est d'abord une chasse qui commence et
qui finit par une pêche.

Le maquereau est d'ailleurs un singulier pois-

son, qui chaque jour nage un certain nombre d'heures, quelquefois une seule, d'autres fois cinq ou
six, surtout quand il fait un beau soleil. Cela fait,
sa promenade terminée, il se retire simplement
dans les grands fonds d'eau, et disparaît. Or il n'est
pas facile de l'en faire *lever*. Certains jours, il a
faim, il chasse et mord que c'est une bénédiction;
— c'est quand le temps est âpre, la brume mince,
la brise aigre. D'autres fois, il flâne et ne prend
point de nourriture; — c'est quand il se chauffe
au beau soleil et reluit dans les vagues comme une
lame d'argent poli. Ces jours-là pliez bagages, et
allez au rivage pêcher le bar ou l'orphie!

Il faut donc *chasser* le banc, avant de pêcher les
individus qui le composent. En Bretagne, on chasse
le banc au moyen de la *caille*, — je vous avoue que
je ne sais pas du tout d'où vient ce nom; mais
je dois, en ma qualité de chroniqueur, hasarder
une petite étymologie : *caille* viendrait d'*écailler*,
vous allez voir tout à l'heure pourquoi, — laquelle caille a pour but de faire *lever* les maquereaux.

Avant d'aller plus loin, l'utilité d'une remarque
se fait sentir; elle aura trait à la position du maquereau suivant la marée. Règle générale, le ma-

quereau doit se pêcher *avec la marée :* en effet,
quand elle se retire, il présente le nez au rivage;
quand elle monte, il regarde la pleine mer : c'est-
à-dire qu'il a toujours le nez tourné vers le courant, ce qui est la position ordinaire des poissons
d'eau douce. Le maquereau regarde du côté d'où
lui vient sa proie, — car il est carnassier avant
tout, — et ne court si bien après les esches que
parce qu'il les prend pour de petits poissons vifs et
frétillants.

Ceci bien entendu, la *caille* s'explique mieux.
On se munit d'une sorte de bourriche, ou panier
conique construit dans le pays, en brins d'osier
brut. On y empile toutes sortes de débris de poisson : entrailles, têtes de sardine, etc.; puis, au
moyen d'un morceau de bois comme pilon, on en
fait, dans le panier même, un gâchis peu appétis-
sant. C'est égal, c'est la *caille;* il n'y a rien à
dire!

Une fois en bateau, au large de la côte et sur les
parages où l'on cherche le maquereau et où l'on
suppose que l'on a chance d'en rencontrer quelques bancs, on trempe de temps en temps son panier dans l'eau. Une foule de détritus et surtout
d'*écailles* brillantes se détachent, passent à travers

les mailles de l'osier et se répandent dans la mer,
où on les voit descendre en tournoyant. C'est ainsi
qu'elles vont réveiller les maquereaux nonchalam-
ment engourdis sur le fond : ceux-ci se lèvent,
ils montent,... et la pêche commence.

Celle-ci n'est ni plus ni moins qu'une pêche à
la ligne, pour laquelle on emploie un scion court et
une ligne forte. Il n'y a point ici de ménagements
à prendre; tout est bon, toute esche qui vous tombe
sous la main fera mordre les maquereaux. On ne
se donne même pas le temps de les décrocher à mesure; le poisson mord âprement, on tire, l'animal
arrive au-dessus du bateau. D'un coup sec, on s'en
débarrasse en lui déchirant la gueule et en le laissant
tomber dans le bateau. Il est urgent de ne pas perdre une seconde. A l'eau, la ligne! Une, deux, trois!
Un maquereau! Paf, à fond! — Recommençons,
et vite... vite!!...

C'est qu'en effet le maquereau, — essentielle-
ment capricieux et *voltigeur,* comme disent les pêcheurs normands, — ne reste pas longtemps au
même lieu; quoique vous ne négligiez pas pour le
retenir, tandis que vous le pêchez un à un, de faire
agir la *caille,* au bout de dix à vingt minutes au

plus, il est déjà loin,... et vous restez tout à coup seul et penaud.

Dans la Méditerranée, au lieu d'employer la caille on emploie la *lance*. La lance est une ligne d'une vingtaine de brasses, qu'on laisse traîner à l'arrière de l'embarcation tirant des bordées au large des côtes. Par suite de la vitesse, — modérée cependant, — de l'allure, les hameçons, — car on en met deux, espacés d'un quart de mètre, — se tiennent toujours à fleur d'eau. On amorce ces deux hameçons de ce que l'on a de meilleur en poisson ou ver de mer, — le poisson est préférable, et surtout la peau du ventre d'un maquereau découpée en petits losanges, — car l'essentiel est de prendre *un* maquereau ou du moins d'éveiller sa gourmandise. L'histoire des moutons de Panurge n'a pas lieu que sur la prairie; en mer, elle a de nombreuses répétitions : qu'un maquereau s'élance, séduit par l'appât de la lance qui passe dans les environs, un second s'élancera,.... et toute la bande suivra.

C'est ce que veut le pêcheur.

Une fois ce maquereau pris, le pêcheur l'amène tout cabriolant à la surface de l'eau jusqu'auprès

de la barque. Avec lui et derrière lui, il amène
toute la bande, qui arrive en bondissant, passant
et repassant avec des reflets verts, bleus, rouges,
or et argent, dont la vue seule peut donner une
idée. Une fois le banc autour des pêcheurs, il s'a-
git de le retenir, et l'on emploie le même moyen
au midi qu'au nord, on répand de la *caille,* —
toujours la *caille!...* — Sous quel nom patois?
— Je ne me le rappelle plus, mais c'est toujours
un mélange infect de poisson écrasé et d'autre
chose aussi que je ne peux vous dire! Brisons là.

L'essentiel, c'est que le maquereau demeure à
portée. Chacun prend une petite ligne de chaque
main : cette ligne ressemble à un fouet dont la
corde serait en fil d'archal recuit; puis on jette ces
deux lignes dans le tas grouillant, on amorce les
hameçons avec n'importe quoi, de la peau, du drap
rouge, une mouche de plume,... — plus c'est solide, mieux cela vaut, car on n'a pas le temps de
faire de réparations, — et l'on tire, on tire, jusqu'à ce que les pêchés disparaissent tout à coup,
trouvant sans doute qu'ils ont assez payé leur gourmandise!

On arrête les lignes, on s'essuie le front, on
compte les morts encore très frétillants et très vi-

vants, on remet la *lance* à la mer, on oriente pour
une autre bordée, et l'on allume une cigarette.....
pour ne pas en perdre l'habitude; mais elle a toujours un goût *sui generis,* le maquereau ayant le
contact odorant et huileux.

« Il était facile de deviner, — m'écrit un ami
irlandais, en parlant de ses pêches au maquereau,
— que la baie était pleine de ces poissons. De quelque côté qu'on se tournât et aussi loin que l'œil
pouvait porter, on ne voyait que goëlands et mouettes; il était aisé de se rendre compte, par leur ac-
tivité et leur cris discordants, que là où ils se ras-
semblaient était le plus grand nombre de ces
jeunes poissons. Aussi nous débordâmes immédiatement, nous dirigeant vers les endroits où les oiseaux étaient les plus accumulés, et les lignes furent avec soin mises dehors. C'est ainsi que nous
arrivâmes en plein banc de maquereaux.

« En ce moment, le bateau marchait beaucoup
trop vite pour faire agir l'hameçon. La grande
voile fut amenée, deux ris furent pris dans la mi-
saine, et alors on put pêcher à l'aise. Guidés par les
mouvements des oiseaux, nous suivions les maquereaux, virant à propos pour nous maintenir toujours au milieu du banc. Pendant deux heures,

nous avons ainsi pêché ce magnifique poisson aussi vite que les amorces pouvaient être renouvelées et les lignes retirées de l'eau, et quand nous eûmes fini et que nous fûmes revenus au port, nous en en avions pris *cinq* cents, y compris quelques *chinchards* (caranx) mêlés parmi.

« Il est impossible de trouver sur mer ou dans les rivières, excepté en pêchant le saumon à la mouche, aucun amusement comparable à cette pêche charmante ; tout est vie et tumulte, tout est animation et gaieté. La brise aigre, le ciel clair, le bateau toujours en mouvement, toujours virant, tout cela est admirablement approprié à l'intérêt et à l'amusement le plus vrai. Celui qui a éprouvé les sensations poignantes de la navigation sur nos mers, sous un brillant ciel d'automne, entouré des collines de nos côtes au vert profond, poussé par une brise agile et gardant à portée de son hameçon les poissons qu'il prend à satiété, celui-là seul, — très cher, — peut comprendre l'amusement et le plaisir de notre pêche au maquereau de ce matin. »

Malheureusement, la pêche du maquereau n'est pas toujours aussi fructueuse, et le baigneur ama-

teur doit se contenter d'un sport plus bourgeois et
moins poignant d'émotion.

Sur les côtes de la Manche on pêche beaucoup
le maquereau, mais on emploie le mode dit ligne
à traîner (*trolling*), que nous allons expliquer, et
qui rapporte pas mal de poisson quand la pêche
donne un peu. Deux hommes et leur mousse en
prennent cinq à huit cents dans leur journée pendant le plus fort de la pêche, mais les sujets sont
moins beaux que plus tard; alors on n'en pêche
plus que un cent ou deux, au plus, mais ils valent
jusqu'à cinq sous chaque sur le port, ce qui est
un bon prix!

Les pêcheurs d'Iport, ainsi que ceux du Pollet,
montent des barques gréées en lougres, à la haute
mâture, et adaptées spécialement à cette pêche,
où il faut des navires parfaits voiliers et marcheurs
de premier ordre. Deux grandes voiles rouges tannées au cachou, un petit foc à l'avant, un tapecu
à l'arrière, telle est leur voilure, qui se prête à
toutes les allures. Il est surtout important de profiter d'un vent faible pour marcher vite, quoiqu'une
vitesse de 2 à 3 lieues à l'heure soit suffisante.

Il est indispensable d'être au matin sur le lieu

Fig. 36. — Pêche du maquereau à la caille

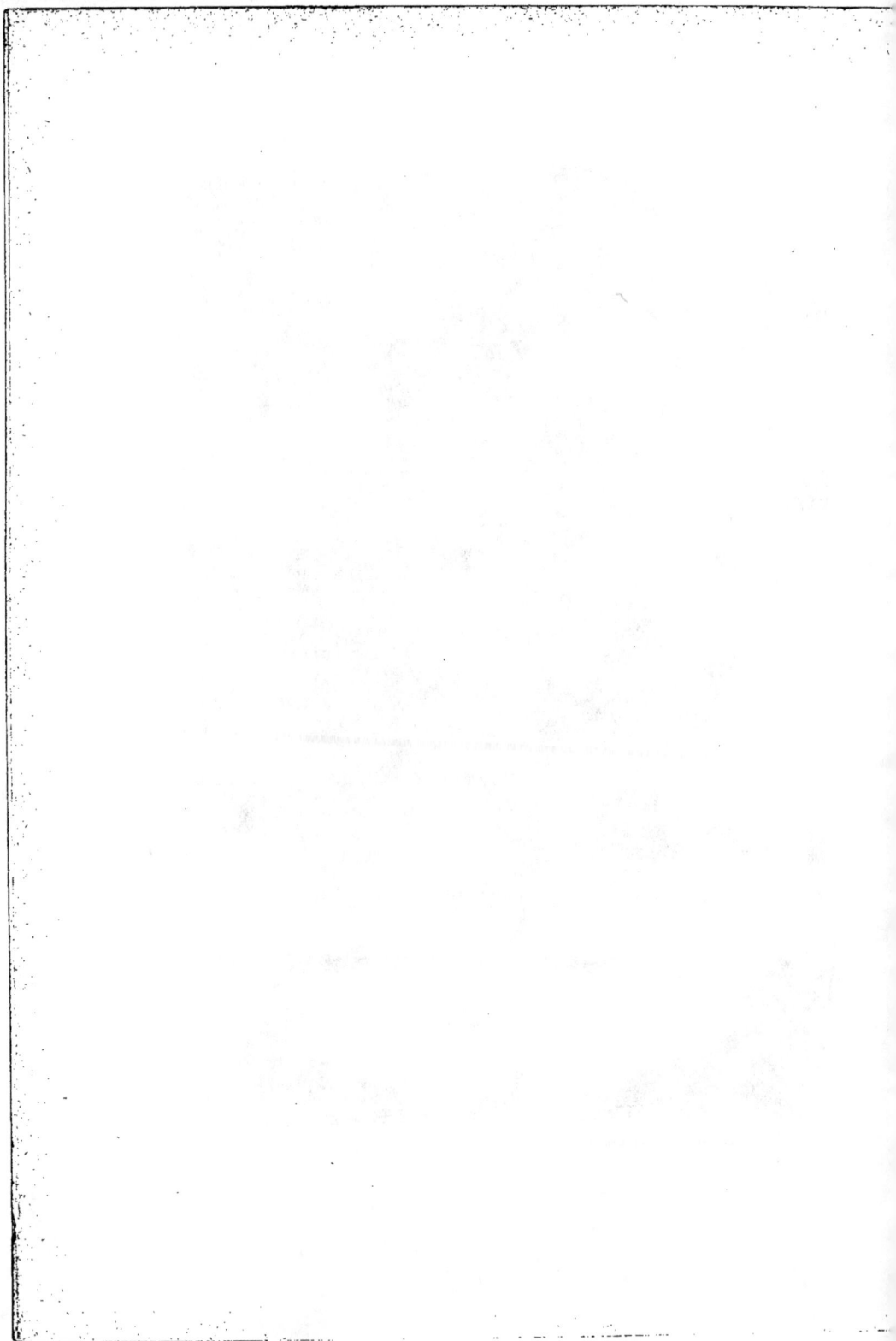

de la pêche; aussi les pêcheurs démarrent dès le soleil couché, — peu amusante pour l'amateur, une nuit en mer, à la belle étoile, à croquer le... *maquereau!* — et commencent à pêcher au point du jour. L'odeur des bateaux de pêche n'est pas précisément celle de la vanille; n'oublions pas ce second agrément! Mais bah! un cœur fort — et pas mal de cigares — conjurent bien des malheurs!

Les lignes se composent d'un filin de la grosseur d'une plume d'oie, au bout duquel on attache un poids de plusieurs kilogrammes, qui suffit pour faire couler la ligne mais ne suffit pas, vu la vitesse avec laquelle le bateau l'entraîne, pour la faire aller tout à fait à fond.

A environ 15 mètres de la plombée, on fait sur le filin un nœud en croix dans lequel on fixe une petite baleine de 0^m,20 de long, — ce que l'on appelle un *guipot* à Boulogne, une *avalette* un peu partout. — C'est à l'extrémité de cette petite baleine que l'on attache l'empile de fil de caret, qui a 7 à 8 mètres de long.; 4 ou 5 mètres plus haut, on fait la même opération pour attacher une seconde empile puis une troisième, et ainsi jusqu'à six ou sept. On coule quatre filins du bateau,

deux de chaque côté, ce qui fait de 24 à 28 hameçons à l'eau.

Quand les lignes sont à la mer, pour en rendre
le relevage plus facile, on les éloigne du bord avec
des perches qu'on pourrait appeler des *cannes fixes*,
n'était leur grosseur inusitée. Ces perches portent
à leur extrémité débordante une boucle dans laquelle passe la ligne, que l'on hale du bateau le
long de la perche. De cette façon, les filins sont
espacés davantage les uns des autres et risquent
moins de se mêler alors qu'ils sont ballottés par
les vagues, surtout ceux du côté *sur* le vent.

Les hameçons s'amorcent de chair de maquereau,
comme nous l'avons dit : dès que l'un de ces pois
sons mord, la ligne l'indique au matelot, qui la
retire, décroche, amorce et remet à l'eau. L'attaque est violente et soudaine, comme il convient à
un poisson qui attrape au vol l'esche qui fuit devant lui.

Rien n'est intéressant comme cette pêche non-
chalante, le coude appuyé sur le bordage, alors que
le lougre, penchant ses grandes voiles sous la brise,
soulève des flocons d'écume et coupe en travers

les vagues qui secouent votre ligne à vous arracher les doigts.

Allez donc, avec cela, distinguer l'attaque du maquereau!

Et cependant, on y parvient sans peine alors qu'on a la fibre un peu *pêcheur*. L'attaque produit une sorte de tressaillement. Il n'est pas moins vrai que l'amateur novice retire son filin de l'eau à chaque bouillon qui tombe dessus...

Heureusement cette gymnastique est fatigante. Après quelques inspections trop hâtives, le novice ne relève plus sa ligne, et c'est alors que, l'attaque du maquereau se faisant réellement sentir, il laisse percer son incrédulité par ces mots : « Je crois que ça mord! » A partir de ce moment le novice est amariné, il est passé pêcheur parfait et, comme dans le *Naufrage de la Méduse :* fichu magicien!

En Norvège, la pêche du maquereau se fait sur une beaucoup plus grande échelle qu'en France : une flottille considérable s'occupe de cette récolte, que l'on prépare de beaucoup de façons pour en garder les produits. L'exposition de Bergen en 1866 et l'exposition universelle de 1867 ont permis

de juger et d'apprécier les engins dont ces indus-
trieux pêcheurs se servent. Ils en ont un grand
nombre que nous devrions imiter, et c'est pour
cela que j'en dis ici quelques mots.

Dans notre beau pays de France tout le monde
est persuadé que nous faisons *quoi que ce soit* beaucoup mieux que les autres nations. Cela est vrai
pour nombre de choses, mais cela n'est pas absolument exact quand il s'agit de pêche. Allez donc
dire cela au premier pêcheur venu ! Il vous rira au
nez, ou ne vous répondra que par un sourire nar-
quois qui vaut à lui seul un long poème. Cela
signifie : « Nos pères n'étaient pas plus sots que
vous ; ils faisaient ceci, et nous, nous faisons comme
eux ! et nous ne nous en croyons pas plus bêtes
pour cela ! »

Et cependant, il faut que quelqu'un la leur dise,
cette vérité, que d'autres pêcheurs *font mieux
qu'eux !* Qui le pourra mieux que le pêcheur amateur ? — Personne. — D'abord, le pêcheur de profession regardera, comme nous venons de le dire,
le novateur téméraire, peut-être même le regar-
dera-t-il de travers… Persévérez ! Servez-vous, —
quand vous saurez bien pêcher, seulement ! — devant eux, d'un des instruments inconnus : faites

attention! prenez moitié plus de maquereaux que pas un de l'équipage... Ah! ah! On commence à ouvrir l'œil; on promène le nouvel engin entre les doigts sans rien dire; on le repose sans se prononcer... N'ayez pas l'air de vous en apercevoir!...

Le lendemain, recommencez la même opération; prenez encore deux fois plus de maquereaux que votre voisin... Vous pouvez être certain que le soir même le patron essaiera s'il peut construire la machine étrangère... S'il ne le peut, il vous empruntera la vôtre.

Un progrès sera fait, un pas accompli, et vous aurez la gloire d'en être le promoteur!

Ce qui importe beaucoup aux pêcheurs du Nord, c'est que l'amorce prenne, dans l'eau, sous l'impulsion du sillage, une marche tournoyante très active, afin que leur amorce, — ils emploient un petit morceau de drap rouge, — acquière l'aspect d'une chose vivante, — nous n'osons dire d'un *poisson*, — car rien ne ressemble moins à un poisson qu'un petit lambeau de drap rouge qui tournoie dans l'eau. C'est pour obtenir ce résultat qu'ils ont inventé les systèmes que nous allons brièvement décrire. Rien n'est plus facile que de produire le même effet, d'une façon plus simple, en attachant un ou deux *émérillons* sur le trajet de la ligne ou des empiles.

Mais l'*émérillon* est un produit manufacturé, compliqué et par cela même relativement plus cher. Le pêcheur norvégien, dans son pays perdu, écarté, loin de toute communication, le pêcheur norvégien, qui fait lui-même ses hameçons à maquereau, — et les fait bien, — ne pourrait jamais construire ses émérillons. Il s'est donc ingénié, il a fait des efforts, et a trouvé autre chose.

C'est d'abord un plomb à tige courbe (n° 4, fig. 23, page 101). Rien de plus simple : une olive triangulaire traversée par une tige de laiton courbée et munie d'une boucle... Et puis?... — Rien! Cet engin si simple produit le tourbillonnement de l'amorce tout aussi bien que l'émérillon. Il le produit même si bien, que je recommande l'emploi d'un *émérillon,* au-*dessus.*

L'interposition de cette partie courbe et rigide sur la ligne ployante fait que le sillage frappe toujours obliquement sur les faces du plomb, et force le tout à tourner d'autant plus vite qu'on lui imprime un mouvement de traction plus rapide.

Les pêcheurs ont encore imaginé le croissant de
plomb (n° 8, fig. 23), qui reçoit une forme aplatie
et très allongée. Un croissant moyen a 0^m,30 de
longueur. Chacune des extrémités est munie d'une
boucle de ficelle solide maintenue sur le plomb
par un fort empilage poissé et verni. A l'une des
extrémités se montre l'empile, qui se bifurque et
dont chaque branche est attachée à l'extrémité
d'une mince petite baleine de vingt centimètres
environ (n° 8, fig. 23). On se rend facilement
compte que la forme du plomb en croissant donne
du faux à la ligne qui, dès lors, sous la traction
du bateau, acquiert un vif mouvement de rotation
sur elle-même, et le communique aux hameçons
et aux esches feintes qui les recouvrent.

Nous avons gardé pour la bonne bouche le dernier système, le meilleur et le plus compliqué. Ici
l'intervention des n°s 7 et 8, fig. 23, est nécessaire
pour bien faire comprendre la tournure d'un engin
dont la forme est assez compliquée dans la simplicité
de ces surfaces gauches. Un plomb en olive triangulaire, mais tronqué en avant, reçoit une tige de
bois en archet gauche, retenue un peu courbée par
la traction du fil de ligne. L'ensemble de tout cela,
quand la ligne est tendue, rappelle un peu un long
et mince limaçon grimpant après un fil. C'est dire

que tout le poids du plomb et la courbe de l'archet
se trouvent *en dehors* de la direction générale de la
ligne. Expliquer comment l'archet est réuni au
plomb et maintenu par de savantes ligatures nous
entraînerait trop loin : d'ailleurs la vue de la figure
de ces plombs (fig. 23) en dit plus à l'esprit que
toutes les phrases possibles.

Tout a été prévu par les braves pêcheurs dont
nous pillons les œuvres ingénieuses pour nous les
approprier. Une ligne tordue pourrait être *détor-
due* par certaine rotation indisciplinée de l'appareil. Leur ligne, à eux, est *tressée* (n° 11, fig. 23) :
et — chose curieuse, mais rationnelle suivant nos
propres expériences — composée de *crin noir*.
Cette ligne est montée sur un dévidoir (n° 9, fig. 23).
que l'on tient à la main; elle se dévide très vite
sous la marche du bateau; aussi importe-t-il qu'elle
n'éprouve aucun temps d'arrêt qui la briserait
comme un fil d'araignée. On fait alors passer le
fil dans la courbure d'une corne polie (n° 12,
fig. 23), pour ne négliger aucune précaution : cette
corne se place sur le bordage du bateau.

Comme tout le monde, là-bas, s'occupe de
pêche, on trouve facilement dans les villes maritimes tous ces engins construits en substances pré-

cicuses à l'usage des riches amateurs. Chez nous,
nous n'en sommes pas encore là. Nos pschutteux
préfèrent poser sur une chaise auprès du casino
d'un bain quelconque, plutôt que pêcher le maquereau en pleine mer, la ligne au poing. Aussi,
là-bas, point de pschutteux! C'est un progrès
que nous devrions bien leur envier, et importer
chez nous!

A l'œuvre donc, ami pêcheur, pour lequel j'écris
ces lignes! A l'œuvre!

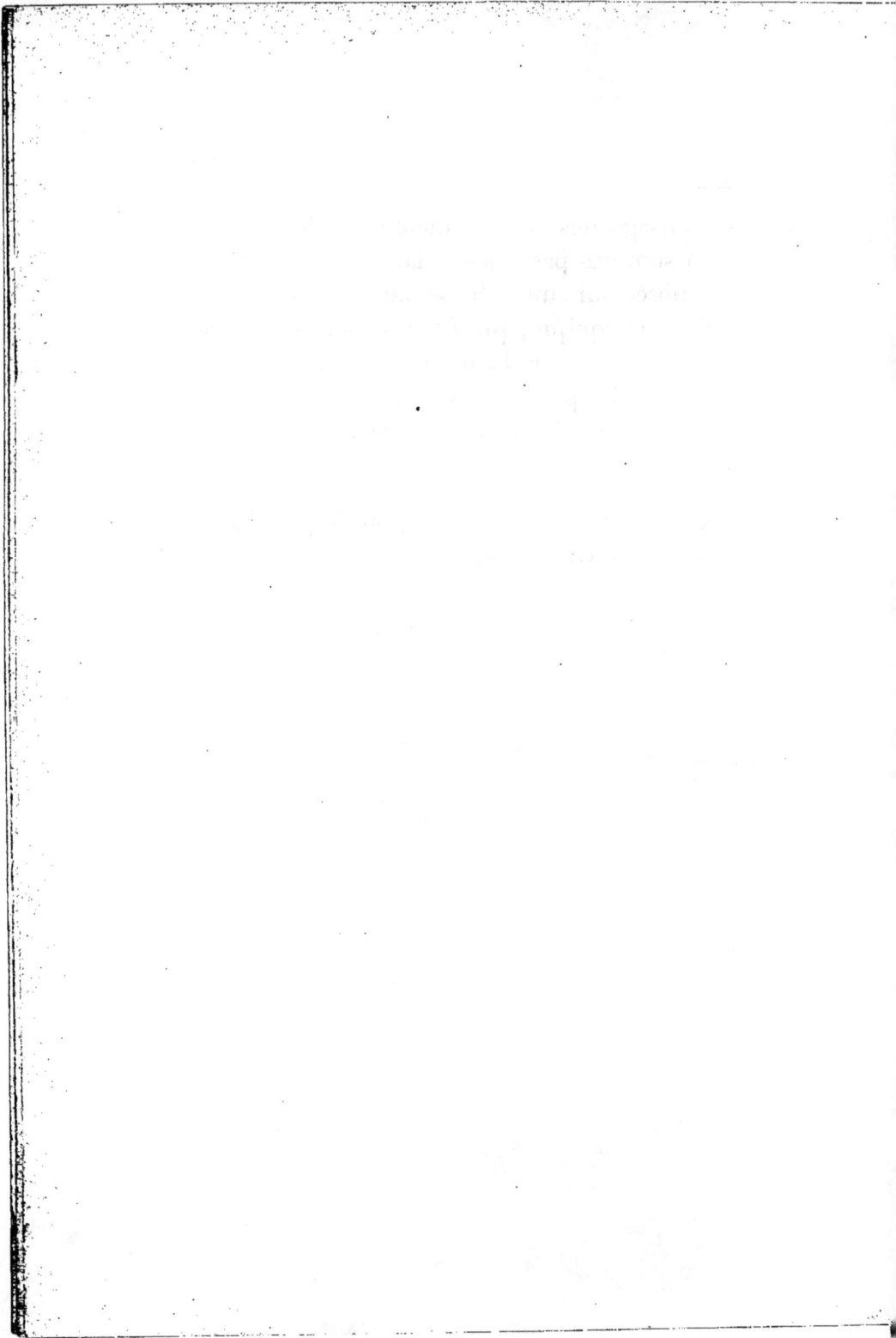

L'ÉQUILLE

(Ammodytes lancea).

Tout à côté et à la suite des *anguilles* et des *congres* doivent être placées les *ammodytes*, dont nos côtes sableuses de la Manche et de l'Océan renferment deux espèces fort semblables : le *Lançon* et l'*Équille*.

Figurez-vous une anguille à écailles brillantes et argentées, mais portant une vraie queue fourchue de poisson, séparée des deux grandes nageoires du dos et du ventre. Chez les *ammodytes,* d'ailleurs, l'œil est grand, et, par sa forme et sa couleur, rappelle bien l'œil du poisson, tandis que celui de l'anguille et du congre a un aspect spécial qui n'appartient qu'à lui. Ajoutons à cela une grande gueule longuement fendue et des mâchoires en pointe allongée, et nous aurons une suffisante idée des poissons dont nous voulons nous occuper.

La taille, au premier abord, les distingue l'un de l'autre, car, tous deux, l'*équille* comme le *lançon,*

ont la mâchoire inférieure plus longue que l'autre;
tous deux habitent dans le sable mouillé des rivages, aux endroits où la mer ne se retire qu'aux
grandes marées. Aussi la pêche, ou plutôt la chasse
de l'équille, forme-t-elle un des *sports* les plus amusants des bains de mer. Le lançon a souvent 0^m,25
à 0^m,30 de longueur, tandis que l'équille, beaucoup
plus commune, n'en montre que 0^m,10 à 0^m,15. C'est
pourquoi le premier se prend-il quelquefois à la ligne dans les grandes marées, tandis que la seconde
ne se prend qu'à la bêche, au râteau ou à la fourche, en la déterrant dans le sable au bas de l'eau.

Pendant les grandes eaux, le lançon aime à fré-
quenter l'embouchure des petites rivières, et on
le voit alors voler dans les eaux à la poursuite des
bans de frai avec l'acharnement et la rapidité du
brochet poursuivant sa proie. Il n'épargne pas
même sa propre espèce : un pêcheur anglais du
Hampshire en a pris un à la ligne, une fois, ayant
un jeune de son espèce dans l'estomac.

L'équille ne s'éloigne jamais de la côte; elle est
pour les poissons du large un des appâts les plus
friands, tous y viennent et surtout le *maquereau*.
Rien n'est plus charmant que de voir, pendant
une calme soirée d'été, la surface de la mer sillon-

née par les plongeons répétés de ces scombres voraces s'élançant vers les retraites des équilles et sur
les fugitives qui en sont chassées. Heureusement
pour nos charmants petits poissons, le sable est
une sûre cachette et ils y vivent presque continuel-
lement; mais il faut manger!...

Tant que l'eau est haute, les poissons carnas-

Fig. 37. — Équille ou Ammodyte appât.

siers les poursuivent, puis, dès que la mer est retirée, c'est l'homme qui vient leur déclarer une
guerre acharnée... et intéressée, car l'équille forme
une des meilleures fritures connues.

Aussi les femmes et les enfants des pêcheurs de
nos côtes font-ils à l'équille une chasse continuelle.
Les baigneurs leur portent souvent assistance et
pêchent aussi pour leur propre compte, car rien
n'est plus facile et plus fertile en incidents que
cette cueillette. Encore faut-il faire preuve d'une
grande adresse et de beaucoup d'agilité. L'équille,
en effet, n'est pas plutôt hors du sable mouillé,

qu'elle y est rentrée,... c'est comme un éclair d'argent qui paraît et disparaît. Un coup de sa tête pointue, un petit frétillement de queue, et le tour est fait...

Le mot est juste, il faut prendre l'équille *au vol*. Les petits enfants ont une telle habitude de ce tour de main qu'il est devenu un jeu pour eux, tout en suivant leur mère ou la sœur aînée qui bêche, ils n'en manquent presque jamais. L'outil le plus commode pour bêcher l'équille est une fourche à trois dents droites et aiguës, montée sur un long manche. On la manœuvre dans le sable comme une pelle : on enfonce, puis d'un coup sec on enlève la motte que l'on éparpille de côté. L'équille paraît, brillante au soleil, on la prend... ou on la manque! Et l'on recommence. Les baigneurs font cette chasse en jour, au soleil; elle vaut mieux au clair de lune, elle est plus productive... mais il faut se garer de l'air frais de la nuit, et les dames craignent souvent le soir...

Il n'est rien de plus curieux que de voir comment l'équille se cache dans le sable : prenons-en une bien vivante et plaçons-là, à découvert, sur un endroit uni de la plage.

Fig. 38. — La pêche à Yeuffille.

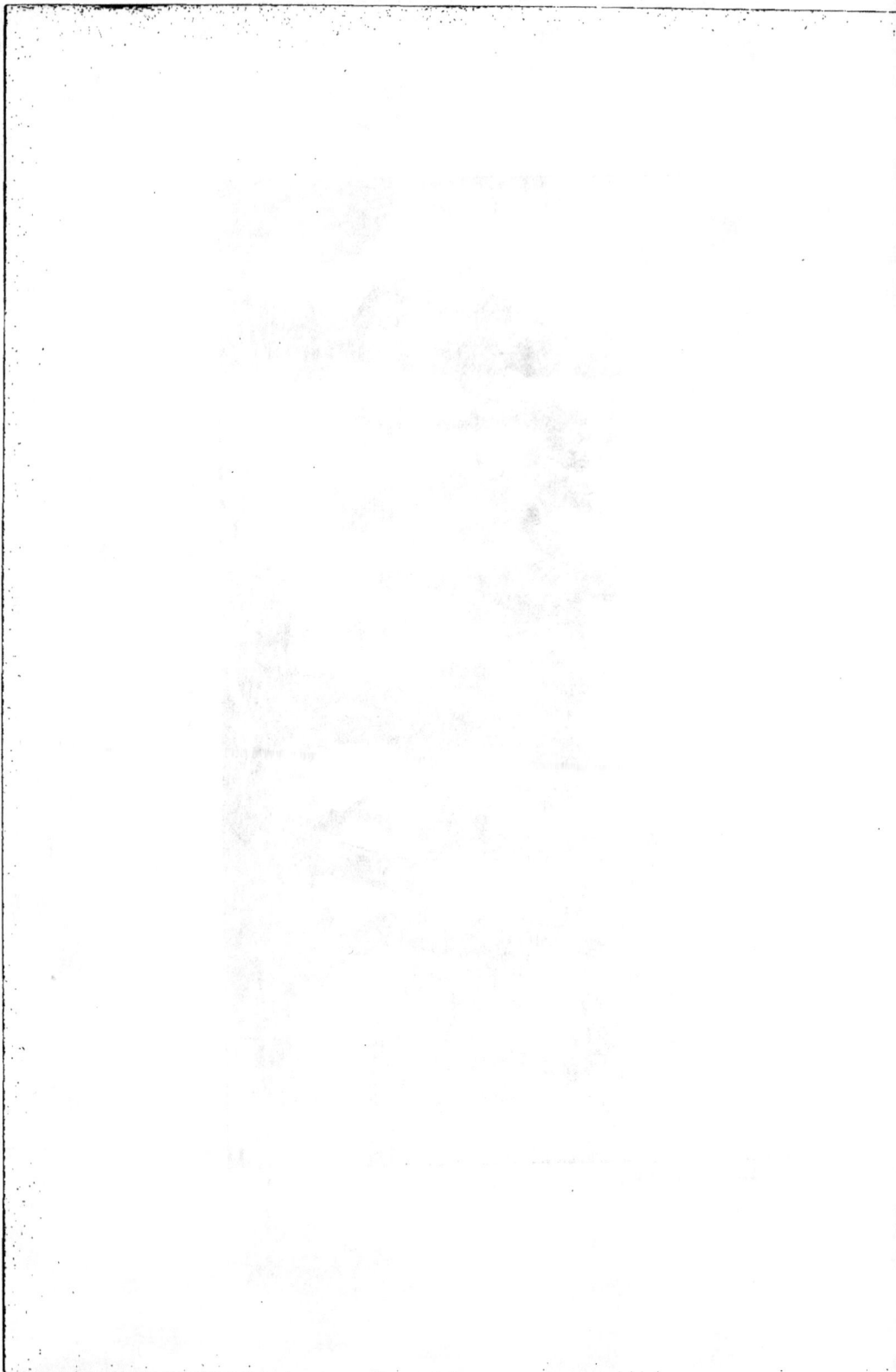

Elle ne fera pas de façons; sans plus tarder, elle va, se contournant en spirale, enfoncer sa mâchoire inférieure dans le sol, tourner un peu et disparaître comme une vrille dans du beurre, ne laissant comme trace de son passage qu'un petit trou

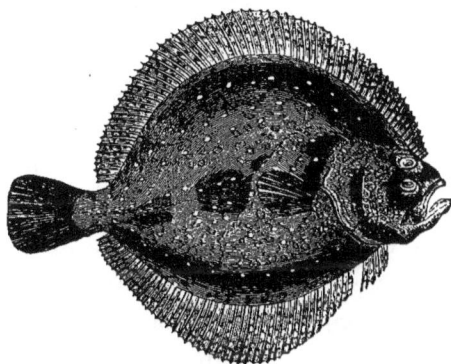

Fig. 39. — Le faisan de la mer.

que couvre le doigt. Puis, vienne une légère lame de la mer, le sable sera uni comme auparavant, il faudra l'œil d'une pêcheuse expérimentée pour découvrir l'imperceptible petit conduit par lequel le poisson reçoit l'eau nécessaire à sa vie et à sa respiration.

N'oubliez pas, pêcheurs des bains de mer, que, si vous voulez aller à la pêche du turbot et réussir, vous ne pouvez vous procurer de meilleure esche que la brillante équille. Le turbot que l'on peut, à bon droit, appeler le *faisan de nos mers*, est un monsieur très délicat, dédaigneux et insouciant de la proie facile qu'on lui présente : il ne mord qu'à ses heures. Offrez-lui une équille,... il va fondre sur elle, fût-il même repu. C'est une friandise à laquelle il ne résiste pas.

Malheureusement l'équille, avant d'arriver jusqu'aux grands fonds où se tient l'animal en question, est attaquée par tout ce qui l'aperçoit, et, comme elle brille, elle est vue de loin. Attendez-vous donc à en perdre beaucoup. Je dis *perdre,* quoique chacune d'elles vous rapporte son poisson et souvent une belle proie; mais pour le chasseur qui s'attend à voir partir un faisan à l'arrêt de son *pointer,* une caille, une bécasse ou une perdrix semble un gibier indigne de lui.

Ce que c'est, pourtant, que d'arriver à temps!

Je passe sous silence les éclats de rire des enfants, les chutes dans les flaques d'eau peu profondes, les trouvailles inattendues sous les roches creuses et les mille accidents de la vie des plages. Heureux qui peut, au milieu de sa famille, jouir pendant quelques semaines, sans souci, de ces plaisirs simples, et de la vivifiante brise de l'Océan!

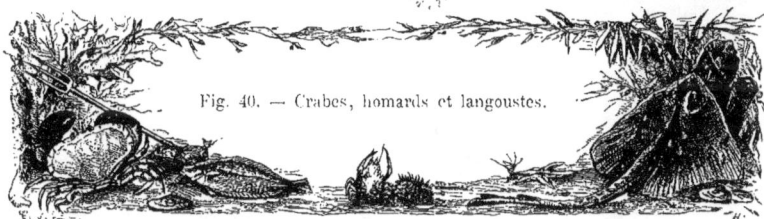

Fig. 40. — Crabes, homards et langoustes.

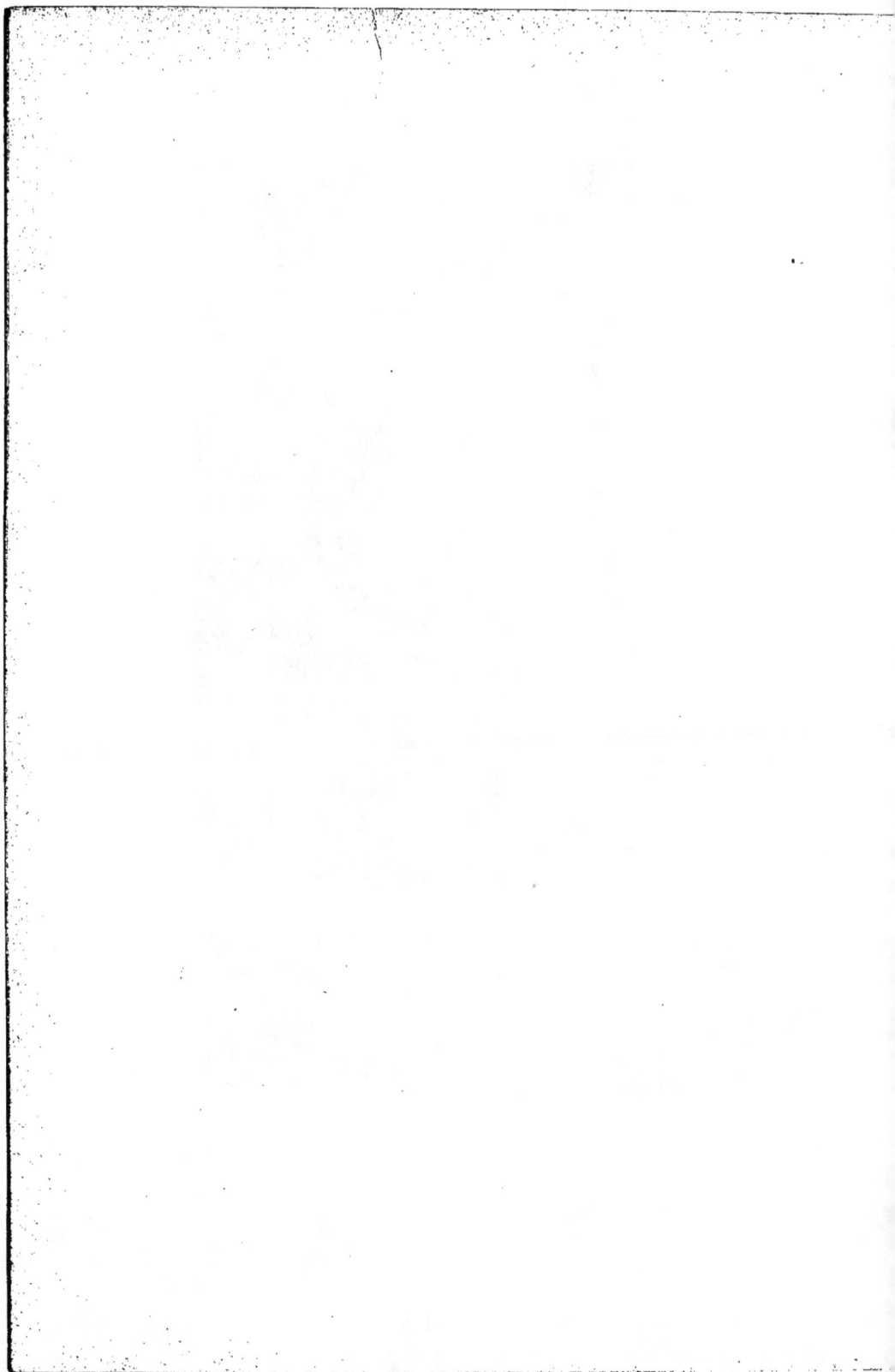

CRABES, HOMARDS ET LANGOUSTES

Gare les doigts! Mesdames, vous voici en face de la tribu des *porte-pinces*. Ces bêtes cuirassées n'entendent pas raillerie et sont aussi féroces, brutales, du côté des mœurs, que piquantes et rocailleuses du côté de la carapace. Attention donc, et laissez vos maris et vos frères aventurer leurs mains et leurs doigts; contentez-vous d'attendre le soir pour attaquer ces crustacés, sans danger, sur votre assiette!

Avant de nous étendre sur les voies et moyens à employer pour nous rendre maîtres des crustacés que nous convoitons, il est indispensable de dire quelques mots de leurs mœurs, car l'homme de loisir, qui, parce qu'il est aux bains de mer, ne se croit pas obligé de savoir l'histoire naturelle, s'exposerait à commettre de singulières erreurs. Tout d'abord il convient de se souvenir que, parmi les crustacés de nos côtes, les uns habitent le bord de la plage et les autres les grands fonds d'eau : ces deux délimitations n'étant d'ailleurs que parfaitement relatives, et plutôt établies en vue des moyens du pêcheur fashionable que de la vérité absolue des faits.

Cela suffit pour ce que nous voulons.

Autre remarque à faire.

Les crabes, nombreux en espèces, habitent toutes les côtes, qu'elles soient plates ou accidentées, sableuses ou rocheuses, peu importe, il y aura toujours là des crabes gros et petits : les immenses sables de la grève de Boulogne ou d'Arcachon en possèdent autant et plus que les rochers noirs de Douarnenez ou de Concarneau. C'est que ces animaux ont à remplir une mission providentielle, — dans laquelle ils sont d'ailleurs aidés par une infinité de crustacés plus petits, — ils sont les grands *nettoyeurs des plages*.

C'est grâce à leur appétit insatiable, à leur caractère errant et à leur nombre que tous les cadavres, grands et petits, que la mer dépose sur ses bords, disparaissent et rentrent ainsi, transformés, dans le grand courant ininterrompu de la vie générale.

Les homards et les langoustes ne forment pas
une famille si nombreuse que les crabes, ils ne com-

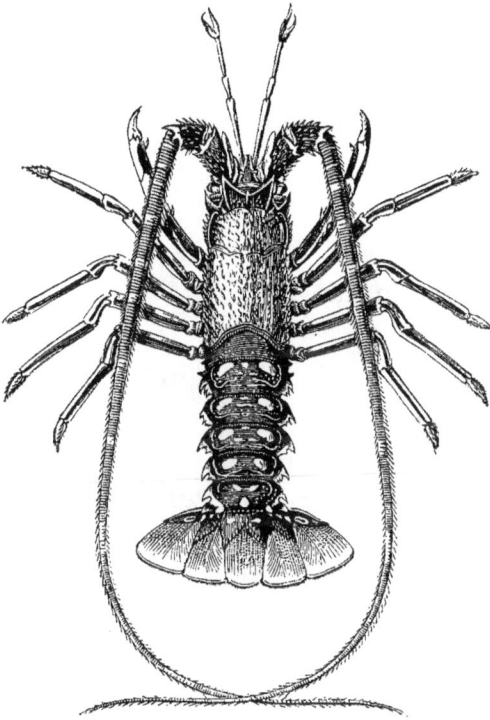

Fig. 41. — La langouste commune.

prennent chacun que l'espèce sous laquelle nous
les dénommons et remplissent, au fond de l'eau
parmi les roches, le même office que les crabes sur

le rivage. Ne les cherchez pas là où les côtes sont sableuses au loin : il leur faut des abris nombreux, des fissures dans lesquelles ils puissent se retirer et se mettre en embuscade.

Ce sont les hôtes de la pierre, en compagnie du congre qu'ils respectent et ne mangent point.

Pourquoi?

Là est l'inconnu.

Pourquoi le terrier du lapin renferme-t-il souvent ainsi que nous l'avons dit, la chouette et la vipère? Comment Jeannot n'est-il pas surtout la proie de la première dont les appétits carnassiers sont assez connus?

Pourquoi?

Nul ne le sait.

Le fait se présente chez nous de même qu'en Amérique pour le chien des prairies; mais là-bas, comme ici, personne n'a pénétré le secret de ces bizarres associations.

Le plus curieux, c'est que le congre et le homard ou la langouste, tous trois carnassiers au premier degré, vivent ensemble et que, tous trois, ils se laissent prendre au même piège, au même appât, ainsi que nous le verrons tout à l'heure.

Le crabe — à quelques exceptions près — est donc un animal à moitié terrestre, à moitié aquatique. Tout le monde connaît sa démarche de côté, sa carapace étalée, aplatie et plus ou moins arrondie, ses grosses pattes en pinces qu'il dresse d'un air menaçant quand on approche de lui, et ses deux petits yeux noirs montés sur un pédicule et qu'il fait sortir du bord de sa maison lorsqu'il est en colère. Tout le monde a vu ces bizarres animaux parés de couleurs verdâtres, brunes ou rougeâtres, escalader les pierres avec des culbutes grotesques ou se blottir dans les creux avec la grâce d'un caillou qui viendrait y mourir, lancé par le bras d'un enfant.

Si vous vous approchez d'une petite flaque d'eau entre les rochers, vous apercevrez, à votre présence, des crabes se retirant d'un air maussade derrière les plantes marines, ou se blottissant sous le sable. Soulevez les pierres et vous rencontrerez d'autres espèces encore, mais celles-ci demeurent

complètement cachées, enterrées, et ne feront
aucun effort pour vous échapper, elles se ratatine-
ront, les pattes sous le ventre et demeureront immobiles, se laissant bêcher comme des pommes de
terre.

Ces crabes-là sont les meilleurs, souvenez-vous-
en!

Mais..... il faut patience et travail pour les obtenir.

N'affirmons pas que ce soit cela qui les fait
trouver meilleurs que le maigre crabe enragé qui
trotte partout dans vos jambes : non, leur chair
est véritablement de qualité supérieure.

C'est grâce à l'abondance du gibier, ainsi ré-
pandu à profusion, que la chasse des crabes demeure
toujours une des distractions les plus goûtées des
enfants au bord de la mer et sauf quelques pin-
çures souvent un peu douloureuses, il n'est pas
un d'eux qui, avec un peu de patience, ne revienne
sa sacoche pleine.

Il faudra que le papa emporte quelquefois un
marteau pour briser les roches récalcitrantes, mais

quel plaisir aussi, quand le crochet de fer emmanché dont chacun est muni, aura ramené un gros
tourteau, si bien aplati et coulé dans la crevasse
qu'il habite que l'on se demande, chaque fois
qu'on rencontre un de ces solitaires, si la carapace
des crabes n'est pas pourvue d'une faculté spéciale
qui lui permet de s'aplatir. Il n'est pas un chas-

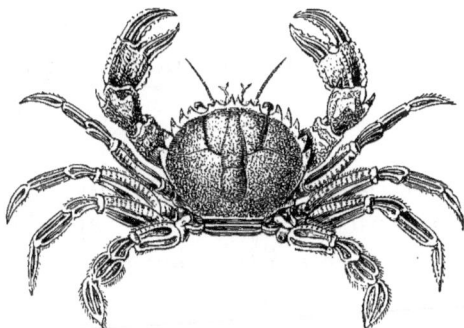

Fig. 42. — L'étrille ou crabe laineux.

seur de crabes — et, au bout de quelques instants, les grands y mettent autant d'ardeur que
les petits, — qui n'ait en sa mémoire des faits
de ce genre qui lui semblent, à lui-même, encore
incroyables.

Tout cela, cependant, ne constitue que le menu
fretin : les plus grosses et les meilleures espèces
abordent la plage avec le flot qui monte et se re-

tirent avec lui. Ce sont les espèces nageantes, à
pattes aplaties comme l'*étrille* ou *crabe laineux,* l'une
des meilleures. Ces espèces-là ne se peuvent prendre à la main que par les grandes marées de syzy-
gies, alors que la mer découvre des espaces cachés
pendant les marées ordinaires. Heureux, trois fois
heureux, le baigneur qui sait choisir ce moment
— quand il se rencontre non au milieu de la nuit,
mais au beau soleil — pour faire des découvertes
imprévues parmi ce monde inconnu qui se révèle
à lui?

Ces doyens de l'espèce crabienne habitent des
crevasses ou fentes de rochers en rapport avec leur
taille, et tant qu'on peut, à pied plus ou moins sec,
arriver près de leur demeure, la méthode la plus
amusante et la plus féconde en péripéties consiste
à les attaquer au moyen du *ringard* ou crochet de
fer, et à les expulser de force de leur trou. Ce travail n'est pas toujours commode, et, comme les
baigneurs font rarement ces excursions seuls, il
est toujours prudent d'armer un ami d'un levier
ou d'un pic, afin de faire, au moment décisif, le
siège en règle de la retraite du solitaire. On n'y entre
souvent que par la brèche.

Mais, nous voici près d'une grosse pierre cou-

verte de varechs pendants en chevelure verdâtre :
un coup de main!... allons, les paresseux et les
flâneurs!...

La pierre roule... deux ou trois autres lui ser-

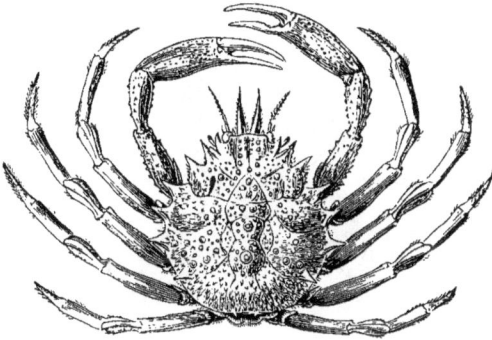

Fig. 43. — Le maïa squinado ou araignée de mer.

vaient de base laissant entre elles des interstices,
des cavités irrégulières. Bonne chance aux pêcheurs!... tout cela est vite déblayé, un trou fan-
geux reste devant nous. Qu'est-ce à dire? qui se
meut péniblement dans cette eau trouble? Est-ce
donc une boule d'herbes mouvantes?...

On s'aide des ringards, à deux, à trois, et l'on
sort du trou le *maia squinado*, *l'araignée de mer*
avec sa hideuse figure. Une carapace hérissée de

pointes, de bosses, d'épines, de dents de scie, couverte d'une chevelure d'algues rouges, de polypiers légers comme des dentelles, en avant, deux
grandes pattes pointues et menaçantes... Tel est le
maïa.

Il est si laid, qu'il se cache, et vit seul!...

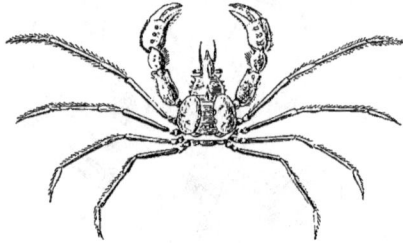

Fig. 44. — L'inaque dorynque.

Cependant il est bon à manger.

C'est encore sur ces plages, découvertes seulement par les grandes marées, que l'on trouve l'*inaque*, encore une araignée de mer : un vrai *faucheux*
des plages !

Il est aussi laid que son voisin.

Plus faible, il se cache et, quoique bon nageur,
vit à d'assez grandes profondeurs sous l'eau.

En Bretagne, les jeunes pêcheurs de crabes de
la côte sont très habiles pour extraire ces animaux
de leurs retraites, et ils y parviennent au moyen
d'un procédé assez original. Ils se munissent, —
partant en guerre, de quelques baguettes sèches
de coudrier : ils appointissent l'extrémité de l'une
d'elles en pointe longue, effilée et aplatie; puis,
après avoir bien reconnu, — en se baissant pour
y voir, — la position de maître Tourteau qui les
regarde, ils approchent doucement la pointe de
leur baguette et, d'un coup brusque, l'enfoncent
dans la bouche du crabe... L'animal blessé, saisit
la baguette à deux pinces, — si vous voulez à deux
mains, — et s'y cramponne un instant. Il s'agit
de saisir cet instant pour amener rapidement le
récalcitrant.

On le manque quelquefois, car, lâchant à moitié chemin, le têtu regagne le fond de son trou,
mais il y reprend sa posture première et vous permet de recommencer la même opération. Cependant si vous le manquez encore, il se laissera souvent percer, hacher dans son trou, plutôt que de
saisir la fatale baguette... Il est probable qu'alors
son palais est blasé sur les piqûres de ses petits
bourreaux... ou que la force manque au pauvre
animal... Je ne sais.

Vous affirmer, Mesdames, que le moyen n'est pas inhumain, je n'aurai garde. Mais l'*enfance est sans pitié :* c'est la Fontaine qui l'a dit, et, malgré notre amour et notre partialité pour les bambins, nous le répétons souvent nous-même involontairement.

En Normandie et en Picardie, la chasse des gros crabes se fait avec plus de science et de malice. Elle devient alors une véritable partie de plaisir, et en même temps une occasion de travail et de mouvement pour les flâneurs. On se munit d'une certaine quantité de morceaux de chair pour servir d'amorces; la qualité et la provenance n'y font rien, mais plus la viande est dure et coriace mieux elle vaut pour cette pêche; celles des *crabes* eux-mêmes, d'espèces communes, est excellente. On attache chacune de ces amorces à une ficelle dont l'autre extrémité est liée à une pierre de moyenne dimension.

Cette opération une fois faite, — à marée tout à fait basse, — et les pierres attachées, distribuées au bas de l'eau, dans le voisinage des rochers et endroits où l'on soupçonne les crabes, on attend que la mer monte, puis on s'en va.

Avec la marée, les crabes sortent de leurs cavernes, et viennent chercher pâture sur la plage. Ils rencontrent les morceaux de viande... quelle bonne aubaine! Ils se cramponnent après, et les entraînent vers leur trou. Mais la pierre suit, et souvent elle pend au dehors, quand elle ne ferme pas hermétiquement la porte de leur demeure. La présence de l'eau, d'ailleurs, en allégeant la pierre, la rend assez facile à emporter à des animaux aussi forts.

Tout va donc bien.

Six heures après, les pêcheurs reviennent.

La plage est de nouveau à sec : alors on commence la recherche.

Les cordes indicatrices dénotent la demeure des larrons, et l'on y frappe à coup sûr, puisque le captif est derrière chacune d'elles.

La vraie difficulté consiste à bien choisir la pierre afin que le larron puisse l'entraîner sous l'eau, mais qu'elle devienne trop lourde pour qu'il la repousse quand elle sera à sec. Le hasard est, en ces sortes de matières, un grand maître!

Quelquefois le crabe, qui a pris une petite
pierre, la repousse et décampe... on fait buisson
creux : d'autres fois la pierre est trop lourde, le
petit crabe dévore l'amorce sur place, et s'en va
repu et content... le pêcheur est volé.

Mais le chapitre des dédommagements est amplement fourni, et tout le monde, en fin de compte,
y trouve le sien.

La véritable pêche du crabe, la pêche sérieuse
est la même que celle du homard et de la langouste : elle se fait aux mêmes lieux et au moyen
des mêmes engins. Cette pêche est extrêmement
intéressante pour le pêcheur touriste; mais il lui
faut un bateau et des appareils, aussi ce qu'il a de
mieux à faire c'est de lier connaissance avec un
patron pêcheur du voisinage, et de l'accompagner
dans ses tendues : quelques dédommagements —
sonnants et trébuchants, — du dérangement *qu'il
n'a pas causé* sont, d'ailleurs, toujours admirablement reçus de la femme et des enfants. Ceci est,
en somme, une libéralité le plus souvent bien placé-
cée, car les pêcheurs de nos côtes ne sont jamais
millionnaires, les enfants abondent à la maison, la
mer a beaucoup de chômage et le poisson ne donne
pas toujours.

Que de raisons pour faire le bien en s'amusant!

Dire que les excursions, — dont nous allons esquisser la plus simple, — sont promenades pour les dames, serait une exagération. D'abord, les barques dont on se sert ne sont ni grandes ni pontées; la compagnie que l'on y peut admettre n'est pas nombreuse : deux ou trois visiteurs suffisent et au delà. De plus, il faut la place nécessaire pour manœuvrer les paniers si on les emploie, ou les caudrettes si c'est elles que l'on tend. Quelques dames, cependant, hardies, curieuses et patientes, — *raræ aves* — ont fait avec nous de ces stations au centre des rochers alors que les caudrettes tendues autour de nous donnaient bien. Et, franchement, elles ne s'en sont pas trop repenties.

Mais, un conseil en passant, Mesdames, n'y allez pas en toilette qui ne puisse ni être mouillée ni ensuite séchée sans danger.

Deux genres de paniers s'emploient principalement pour prendre les homards et les langoustes : les uns ont la forme des verveux de nos rivières, les autres d'une souricière verticale en fil de fer, ainsi qu'on le voit dans notre vignette. Les premiers se font soit en osier, soit en lattes, avec les

entonnoirs des extrémités en filet, soit tout en
toile métallique galvanisée. Tous ont une porte la-
térale pour faire sortir les animaux pris.

Les autres engins, que l'on nomme surtout
paniers, sont ceux dont nous avons rappelé l'analogie avec une souricière. C'est un panier d'osier
en forme de demi-boule, au haut duquel est une
ouverture qui donne accès dans l'intérieur, tandis
qu'un entonnoir de tiges flexibles empêche d'en
ressortir, une fois entré.

Quels qu'ils soient, les paniers sont lestés de
pierres, de manière à les faire aller facilement
à fond : d'un autre côté un *orin* y est fixé qui vient
jusqu'à la surface, où il est retenu par une bouée
ou par un liège. Rien n'est plus simple d'ailleurs
que cette pêche. Vous descendez à l'eau, le soir,
au coucher du soleil, les paniers dans chacun desquels vous avez mis une amorce de chair ou de
poisson; — vous pouvez l'arroser d'une essence
forte, elle n'en vaudra que mieux, — puis le lendemain vous allez relever les engins les uns après
les autres, et vous prenez les crustacés entrés dans
les paniers.

On y trouve, de temps à autre, de très beaux

congres qui s'y sont glissés, attirés par l'amorce de
chair et qui, n'ayant pas pu ressortir, sont demeu-
rés là au milieu des homards et langoustes, leurs
voisins et amis.

L'aspect d'un de ces énormes poissons, se dérou-
lant comme un boa blanc et noir au fond du bateau, les dents dont sa gueule est garnie, la figure
féroce qu'il présente avec ses petits yeux fixes, tout
cela forme un tableau devant lequel nombre de
femmes s'émeuvent beaucoup trop, et nous avons
souvenance d'une charmante pêcheuse qui perdit
connaissance — de peur — dans un semblable
moment et nous embarrassa grandement, car nous
ne voulions ni perdre le poisson ni manquer aux
égards dus à une femme dans cette position.

Aguerrissez-vous donc, Mesdames, et surtout pas
de nerfs! ou n'allez pas... non dans la forêt noire,
mais en bateau, relever des *paniers, casiers* ou *bou-
raques,* comme l'on dit suivant les pays.

Si vous manquez d'appât pour amorcer tous vos
casiers, pêcheurs, souvenez-vous qu'une pierre
blanche, grossièrement taillée en forme de poisson, fait presque aussi bon effet que la réalité. C'est

l'histoire de l'œuf de plâtre de la poule, mais dans un autre sens.

Le meilleur moment pour réussir à cette pêche est quand le ciel se montre couvert, nuageux, que l'air est chaud, le temps lourd et la mer calmée après une *petite moture,* en français, un léger orage ou un petit coup de vent. En un mot, quand la mer a été remuée.

Il nous reste à décrire la pêche la plus intéressante pour le touriste; c'est celle qui se fait avec les *caudrettes*. Elle est, d'ailleurs, la même que la pêche des écrevisses aux *péchettes* ou *balances,* sauf la dimension des engins qui est assortie à celle des crustacés.

On distingue les petites et les grandes *caudrettes*.

Les premières, qui n'ont qu'un demi-mètre à un mètre de diamètre, sont formées d'un cercle de fer auquel pend une poche de filet à larges mailles. Le cercle est croisé de deux ficelles transversales, à l'intersection desquelles est attachée l'amorce de chair ou de poisson. Alors que l'engin est descendu au fond de la mer, l'appât repose sur le filet, les

Fig. 45. — La pêche au tourteau.

crustacés arrivent et, en retirant la caudrette, l'animal tombe dans la poche, tandis que les deux cordes croisées à l'entrée le gênent assez pour qu'un vigoureux coup de queue ne le rende pas libre, pendant que l'on remonte l'engin.

La grande caudrette diffère de celle-ci seulement par sa taille qui est plus que double, et par le croisé de ficelles qui joint les bords du cercle de fer ; cela forme de grands carreaux, il est vrai, mais un arrêt suffisant pour que les captifs se heurtent contre un fil, en sautant, et retombent par cela même dans la poche. Cette balance gigantesque ne se remonte pas sans fatigue et sans grand renfort de bras, d'autant mieux que, plus elle arrive vite à bord, plus il y a de chances d'y conserver les prisonniers.

Ce serait une grande erreur de croire que les homards, crabes et langoustes sont des animaux *bêtes*. Ils sont défiants, rusés et alertes au delà de toute expression ; mais, heureusement, les pêcheurs sont aussi malins qu'eux, et il y a encore quelqu'un qui a plus d'esprit, c'est *tout le monde*. Aussi, ce *tout le monde* a-t-il inventé une modification très ingénieuse de l'appareil primitif que nous venons de décrire.

Probablement quelques pêcheurs avaient remarqué, que, l'engin étant à l'eau, une partie de l'orin se repliait sur elle-même et retombait sur le filet tendu. Cela ne faisait absolument rien aux maraudeurs qui s'empressaient de grimper aussi bien sur la corde que sur le filet; mais pour remonter la caudrette, il fallait tendre l'orin, et, au premier mouvement suspect de la corde, les mangeurs disparaissaient d'un coup de queue rapide qui les rejetait à côté du filet.

Comment faire? Cela ne pouvait cependant pas se passer ainsi...

Un malin s'avisa de prendre juste la hauteur de l'eau et de descendre sa bouée à ce point que, elle, flottant, la corde demeurât tendue et ne retombât point sur le filet. C'était meilleur, mais les vagues successives imprimaient à l'appareil des oscillations déplorables... au point de vue des homards, qui ne reculent pas devant un bon repas, mais n'ont que peu de goût pour l'escarpolette...

Comment faire?

C'est alors qu'un homme de génie *inconnu* inventa le mode de suspension en usage. Les trois cordes qui suspendent la caudrette se réunissent en une seule, comme d'habitude : mais, à un ou deux mètres plus haut, cette corde est terminée par une bouée ou un liège qui fait tendre la ficelle de suspension, de sorte que l'accès de la balance est libre de tous côtés et qu'il ne se produira aucun mouvement perturbateur dans l'appareil avant l'ascension fatale.

Ce n'est pas tout. A côté de la bouée, un bras de bois est passé sur la corde qui le traverse... Ce bras flotte dans l'eau, et ne contrarie en rien l'effet de la bouée. A l'autre extrémité de ce bras est fixé l'orin qui vient à la surface.

Tirez, maintenant!...

Le tout arrivera en haut sans que la plus légère secousse ait averti les victimes futures du danger qui les menace...

> Qu'on m'aille dire, après un tel récit,
> Que les *pécheurs* n'ont pas d'esprit!

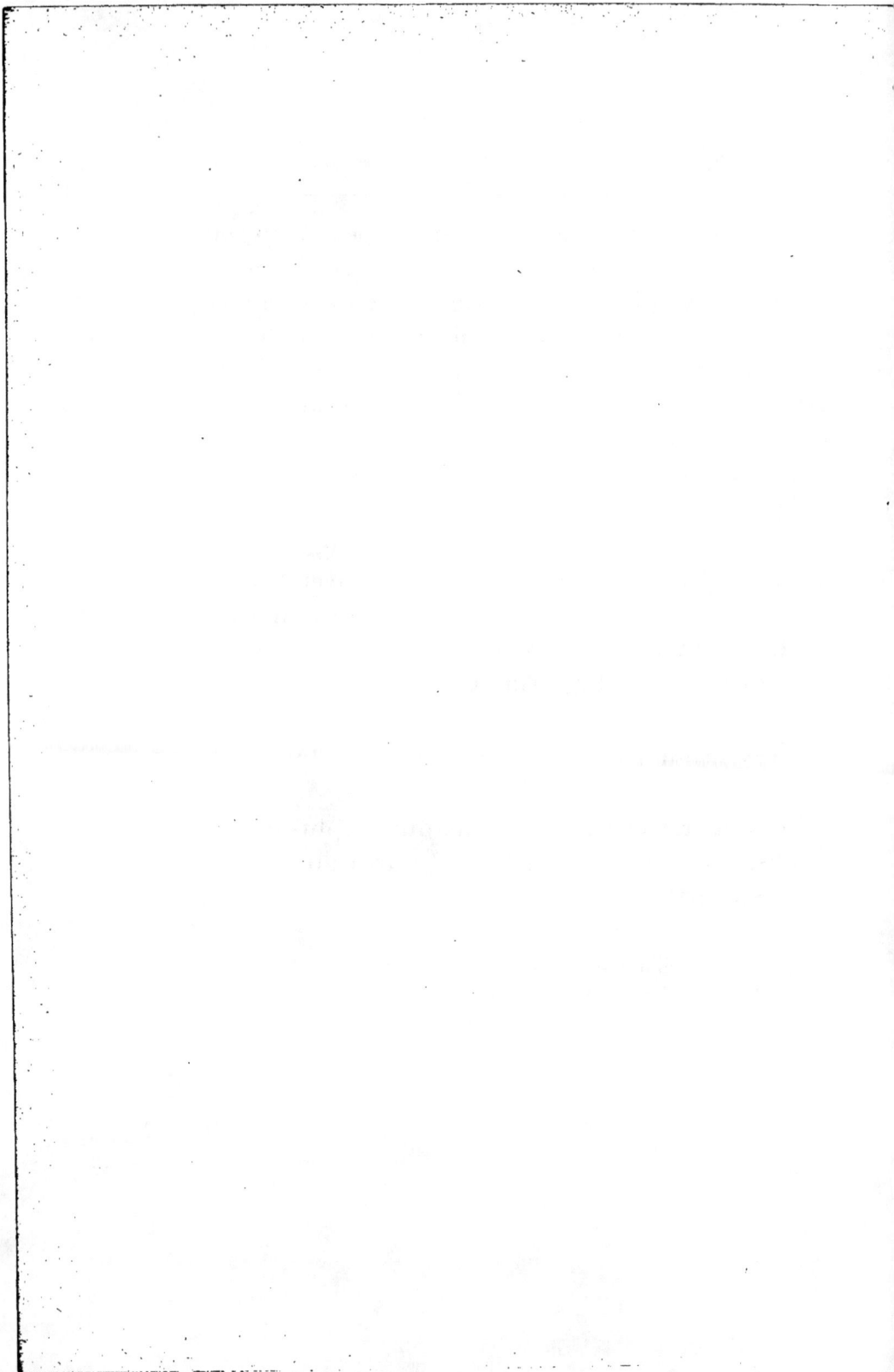

LES COQUILLAGES

Tandis que nous tenons en main des instruments étranges, et avant de reprendre la ligne pour attaquer de *vrais poissons,* continuons encore quelque peu la description des récoltes fantaisistes de la mer.

Après les *crustacés,* les *coquillages;* quitte à revenir aux premiers, pour nous occuper des *crevettes* qui sont, elles aussi, des crustacés, mais si petits, si petits, si frêles, qu'on les prendrait plus volontiers pour autre chose..., des insectes par exemple.

Nous suivons, je l'avoue, une marche irrégulière des plus fantasques ; mais, bah ! nous sommes en vacances, en villégiature, aux bains de mer... Fi de l'uniformité ! Et puis... nous n'écrivons point un livre *sérieux!* Ce sont ici notes familières pour nos confrères en flânerie, en pêcherie et en *baignerie.*

Ils nous suivront ainsi que nous marchons ! Et

nous dirons à la fin, comme le bon *Toppfer :*
« Nous avons, nous aussi, fait une fois dans notre
vie notre petit *Voyage en zigzag...* »

C'est si bon l'école buissonnière!!!

N'est-ce pas, Mesdames?

Or çà, ramenons la Folle au logis... et revenons
aux coquillages.

Sur la plage, la mer en met partout. Morts, vivants, tout en est parsemé. Je suis tenté de leur appliquer le monotone refrain des pâles vendeurs
de jouets, au premier jour de l'an :

L'amusement des enfants,

La tranquillité des parents!...

Et, quelles bonnes promenades sur la grève!...
alors que, tout petits, nous nous arrêtions à chaque coquille parce qu'elle était blanche, puis à celle-
ci parce qu'elle était plus rose, près de celle-là
parce qu'elle avait une teinte violette, et à cette
grosse parce que... et à cette petite à cause de...
Puis, finalement, les poches bourrées comme des

Fig. 46. — Les coquillages.

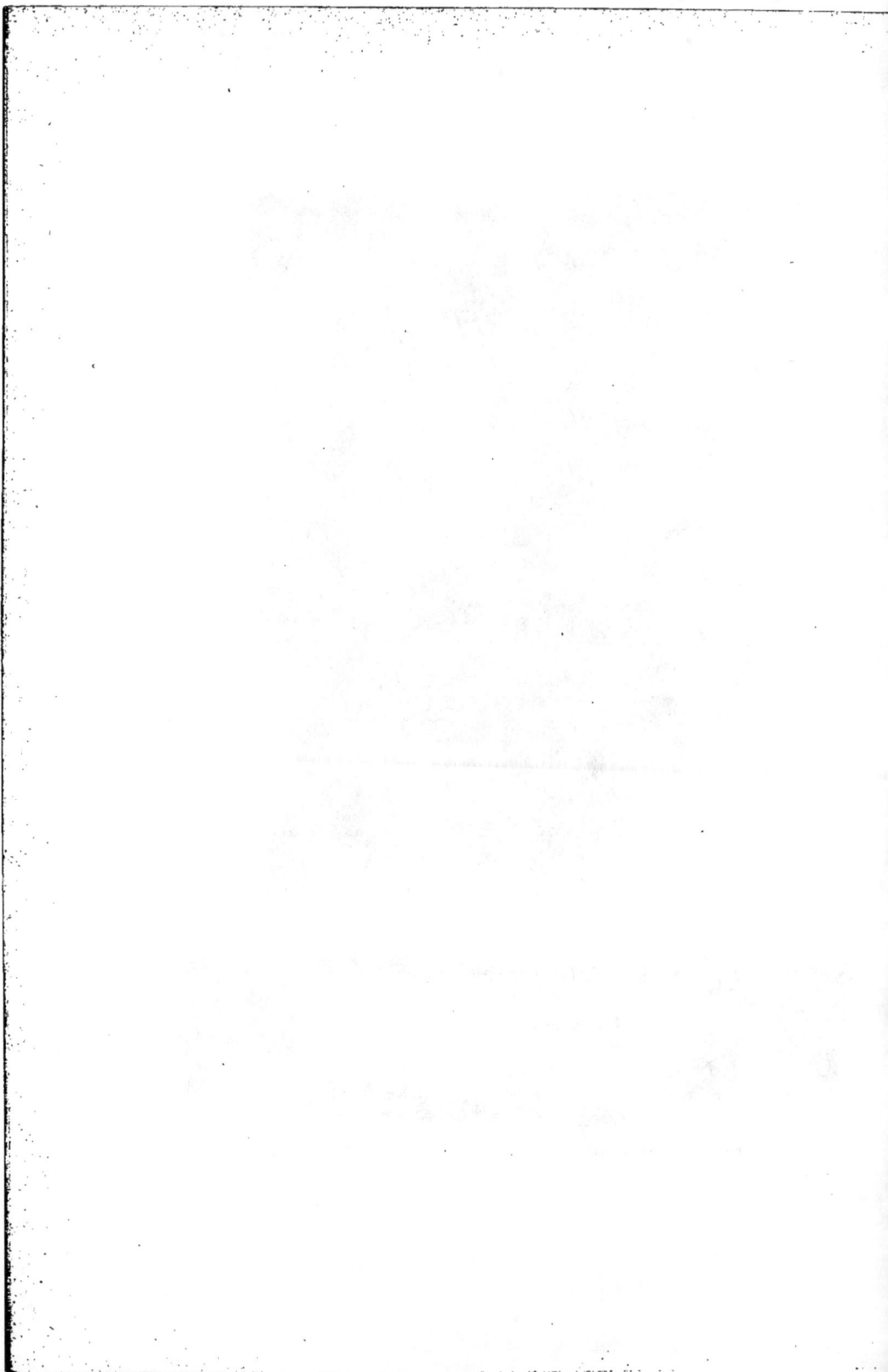

ballons, la blouse pleine par devant, par derrière,
la casquette comble,... et toujours, toujours, de
belles coquilles tentant nos désirs enfantins, nous
ne trouvions rien de mieux que de les porter à notre

Fig. 47. — L'enfant n'est qu'un petit homme.

père ou à notre bonne mère, en les suppliant d'en
bourrer à leur tour leurs poches pour notre plus
grande jubilation. Oh! le bon temps! Pourquoi
s'est-il enfui si loin de nous?... Hélas! que je voudrais donc bien cueillir encore mes premiers coquillages!...

Mais non, la vie est ainsi faite! L'enfant n'est qu'un petit homme.

Une fois les coquilles au logis, il se dégoûte de ce gros tas, l'éclectisme naît, il choisit la fleur du panier, apprend de lui-même à discerner les plus belles, suivant son goût ou leur dessin, puis... du pied repousse le reste et le jette aux ordures.

Ah! petit homme, petit homme! Ainsi tu feras des premières et fraîches impressions de ta vie... Puisses-tu ne jamais faire trop gros le tas de rebut!

Dans le présent chapitre, nous ne considérerons les coquillages qu'au point de vue de la récolte comme produit utilisable, comme *pêche;* plus loin, dans le chapitre de la *Maraude sur la plage,* nous parlerons de quelques espèces que l'on recherche et que l'on collectionne comme objet de curiosité.

Au premier rang des coquillages comestibles, — des mollusques pourvus de test, pour leur rendre leur vrai nom, — il conviendrait de placer *l'huître;* mais ce mollusque n'est pas souvent à la portée des baigneurs : on ne le rencontre que par les grands fonds, sur les bancs naturels où on va le chercher avec la drague, ce qui n'est point dans les attribu-

tions *sportiques* des *pêcheurs aux bains de mer*.
On trouve encore l'huître au parc : c'est absolument comme si nous disions à nos lecteurs qu'on
la trouve sur la table,... quand on l'y met. Nous
ne leur apprendrions rien.

Aussi l'huître étant pour nous un comestible à
stabulation, nous ne la considérons plus comme
une conquête de la plage.

Cependant, avant de clore sa courte histoire ici,
disons que les baigneurs la pourront trouver sur
quelques côtes rocheuses, au bas de l'eau pendant
les grandes marées. Nous en avons nous-même bien
des fois ramassé et détaché des roches dans la baie
de Pornic : mais il faut remarquer que Pornic est
tout au fond de la baie de Beauvoir, l'une des plus
fécondes — encore — en huîtres de notre littoral.
Il n'était donc pas surprenant d'en trouver bon
nombre égarées au bas des rochers; mais les endroits où ce succulent déjeuner peut être cueilli
par l'amateur deviennent de plus en plus rares.

Lorsque nous parlons de déjeuner succulent,
c'est par euphémisme, car, pour déguster ces coquillages à l'état sauvage et pleins de leur eau de
mer native, il faut un gosier de fer et un amour

fanatique du mollusque. Son goût n'est point celui du sucre, et l'amertume s'y mêle agréablement à une salure au troisième degré!...

Enfin, on peut en manger, puisque j'ai vu, de mes yeux vu, des dames s'en régaler avec délices!

Derrière l'huître, mais à une grande distance, marche la *moule* que l'on pourrait appeler l'*huître du pauvre*. Autant la première devient rare, — malgré la réussite des travaux de reproduction et d'élevage artificiels, — autant la seconde se montre féconde, rustique et abondante partout. Il est certaines côtes où la moule revêt d'un manteau bleu les rochers à perte de vue. Lorsque la mer se retire, le baigneur doit munir ses pieds de chaussures non glissantes pour marcher sur ce tapis coupant qui ressemble à de l'herbe courte cristallisée. Cette herbe fantastique est la myriade des coquilles de moules vivantes, attachées au roc par leurs byssus, de façon que la partie tranchante de leur coquille regarde le ciel. Disposition d'où il résulte pour le promeneur cette certitude que tout heurt, ou toute chute, se traduit par une ou plusieurs coupures.

Il est vrai que, comme compensation, l'amateur de moules n'a qu'à se baisser pour en prendre. Mais il est vrai aussi que la première une fois avalée *crue*, — ce qui peut se faire à la rigueur, vu sa fraîcheur, quand il fait chaud, — une sensation de sel brûlante vous saisit à la gorge, vous ôtant toute envie de recommencer.

Et cependant j'ai vu des gens possédant un gosier assez bien pavé pour avaler ces mollusques, au choix, pendant des promenades entières à leur surface !

Honneur au courage heureux !... Quant à votre très humble serviteur, il se déclare indigne...

N'est pas héros qui veut !

Cuites, c'est une autre affaire ; les moules reprennent à mes yeux leur véritable valeur et je ne dédaignai jamais, aux bains de mer de notre chère Bretagne, d'en rapporter au logis un panier cueilli et choisi de mes mains.

C'est entre les coquilles de ces moules, et quelquefois entre celles des autres mollusques, que l'on rencontre les petits crabes ronds que le vulgaire regarde comme malsains et empoisonnant la moule.

Le pauvre petit crabe n'en peut mais. Il ne songe point à mal.

S'il se cache entre les valves de son voisin, c'est pour se sauver, — vu sa carapace assez molle, — de tout accident. De quoi vit-il là ? On ne le sait pas. Il ne mange pas son protecteur, voilà qui est certain, mais que ou qui mange-t-il ?... Mystère !

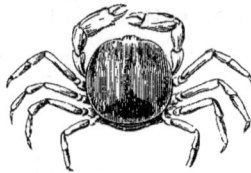

Fig. 48. — Crabe de la moule.

Tandis que nous sommes à la chasse des coquillages bivalves, — c'est-à-dire ayant deux coquilles qui renferment l'animal, — nous ne pouvons oublier de bêcher le sable auprès de la laisse de basse-mer, là où, en nous arrêtant un moment, nous verrons de petits jets d'eau sortir du sable un instant mouillé. Allons ! un peu d'ardeur, en nous servant du trident qui a mis à nu les *équilles !*

Eh bien ! ce n'est plus un poisson que nous déterrons, mais bien un gros coquillage, en boule blanche, à gros plis. Ces cannelures débarrassées

du sable sont fort élégantes, partant toutes de l'on-
glet, et les coquilles sont ombrées de quelques
teintes fauves.

Ceci est le *sourdon* ou la *bucarde,* comme vous
voudrez : un coquillage très commun, un peu dur
de chair, mais qui se mange et qui, s'il était cul-
tivé, comme l'est la moule sur les bouchots dans
des conditions convenables, produirait pour les po-
pulations une énorme quantité de nourriture dont
la qualité différerait autant de ce qu'elle est actuel-
lement que la moule cultivée et engraissée de l'anse
de l'Aiguillon diffère de la petite moule sauvage
des rochers.

Il est vraiment malheureux que la place me manque, car j'aurais beaucoup de choses curieuses à dire
sur tous ces animaux, à l'existence si extraordinaire,
si simple cependant; sur ces organismes complets,
merveilleux, quoique n'ayant ni tête, ni yeux, ni
sens en un mot, hors peut-être celui du toucher!

Toutes voisines des grosses bucardes, nous devons signaler les *vénus*, chères aux Marseillais qui
leur ont donné le nom de *praïres* et de *clovisses.* Les
vénus, rares en quelques endroits, sont beaucoup

plus communes dans d'autres, et certaines côtes en
renferment des quantités incroyables. Le nombre
que nous en avons trouvé dans les bancs de sable
de la rivière Tudy, en Bretagne, est incalculable, et
les dimensions de la coquille étaient magnifiques.
Tel de ces bancs de sable, transporté dans le midi
de la Provence y équivaudrait à une mine d'or ca-
lifornienne !

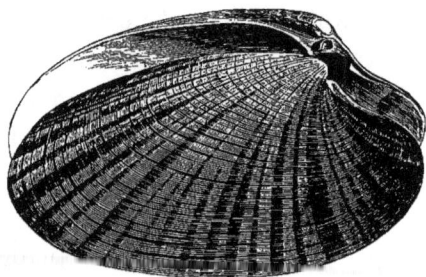

Fig. 49. — Une vénus.

En général, les clovisses se trouvent plus loin
de la rive que les bucardes. Elles sont plus amies
de la grande eau, et les grandes marées seront
avantageuses aux chasseurs qui désirent s'en régaler, — car ces mollusques se mangent crus comme
l'huître — et les Marseillais préfèrent de beaucoup
leurs clovisses. Quant à nous, qui n'avons point
de parti pris, et surtout qui possédons, plus aisément que là-bas, des huîtres de Cancale, nous dé-

clarons, la main sur la conscience, que la clovisse
est une dure et coriace contrefaçon de l'huître, avec
un goût fort et amer en plus! S'en régale à présent
qui voudra.

Tout près des vénus, nous prendrons également
la *mye des sables* dont la coquille est facile à reconnaître parce qu'elle ne ferme pas exactement. De
même que les vénus, elle aime les grandes eaux et
se constitue en bancs qui habitent des parages
connus; on en a découvert d'abondants près de
Dunkerque. L'animal est bon à manger et beaucoup plus recherché aux États-Unis qu'en France,
où il n'est pas assez connu. Sa coquille est moins jolie que celle des vénus. Ces dernières sont épaisses,
porcelainées, et ornées à l'extérieur d'un vernis
brillant de couleur violet pâle ou rougeâtre.

Nous avançons dans la nomenclature des con-
quêtes que le baigneur peut arracher aux sables
de la plage, mais nous n'avons pas encore fini.
Nous ne pouvons oublier la fameuse *coquille de
Saint-Jacques,* le *peigne,* de son nom scientifique.
Je crains bien que la plupart de nos lecteurs ne
rencontrent jamais cette coquille que vide et re-
jetée par les flots sur la plage, car le peigne est un
animal des grands fonds sur lesquels il vagabonde

et se promène, non plus comme la bucarde sur le
sable du rivage au moyen d'un pied, mais par des
sauts de coquilles tellement vifs qu'il peut même
exécuter à la surface de l'eau une certaine marche
en agitant vivement ses deux valves. Quoi qu'il en
soit, et malgré la difficulté de pêcher ce mollusque
par eux-mêmes, les baigneurs s'en dédommageront
en ne laissant à personne autre le soin de les manger. La coquille de Saint-Jacques en effet, bien
préparée, est un mets fort délicat.

Elle est, de plus, la source d'une légende es-
pagnole qui avait donné naissance, au moyen âge,
à la coutume des pèlerins aux lieux saints et surtout de ceux de Saint-Jacques de Compostelle, d'en
attacher à leur chapeau et sur le camail qui cou-
vrait leurs épaules. Ce fait a souvent valu à la coquille qui nous occupe le nom de *pèlerine*.

Or, voici la légende.

Saint Jacques était Espagnol, ainsi que tout le
monde sait. Lorsqu'il eut été martyrisé à Joppé,
ses disciples recueillirent ses restes, désormais sa-
crés, et les placèrent sur un bateau, se préparant
à revenir avec eux dans leur patrie. Mais le bateau

partit tout seul, se dirigeant avec la sainte relique qu'il portait vers les côtes de la Galice.

Or, près du lieu où la barque sainte allait aborder, de grandes réjouissances avaient lieu, parce que le seigneur païen du pays — un Framboisy quelconque! — prenait femme. Tous ses sujets étaient en liesse et les sacrifices aux faux dieux marchaient leur train sur le rivage. Tout à coup le seigneur de Maya, qui se pavanait sur un magnifique destrier près de sa nouvelle épouse, fait un écart et se précipite dans les flots avec sa monture, au-devant de la barque miraculeuse qui approchait...

En sortant de l'eau, le noble païen s'aperçut, — au grand émoi de la foule, — que lui et son coursier étaient couverts de coquilles de peignes qui figuraient comme des écailles de poisson... Effroi, questions sans nombre, explications des disciples du saint descendus de la barque, miracle du saint, conversion du marié, de la mariée et de tous les assistants... On les baptise; tableau!...

Telle est la légende de Saint-Jacques de Compostelle.

Autrefois, l'évêque seul de Compostelle avait le droit de vendre ces coquilles aux pieux pèlerins, et même d'excommunier tous ceux qui lui feraient concurrence... deux papes lui avaient délégué les pouvoirs nécessaires.

Aujourd'hui, tout le monde peut s'habiller avec des coquilles de peigne sans encourir l'excommunication de personne : il est vrai que ce costume serait peu commode, et un peu raide aux articulations.

Cette coquille, ainsi que la plupart de celles dont nous parlons, fait le sujet de la gravure qui commence ce chapitre.

Si nos lecteurs ne parviennent pas à conquérir eux-mêmes le peigne en vie, rien ne les amusera davantage que de faire la chasse aux *solen* ou *manches de couteau*. Tous connaissent ces longues coquilles minces et en gouttière, dont les débris sont promenés par les flots sur tous nos rivages. Or les mollusques qui habitent entre ces valves se mangent, et quelques personnes les trouvent fort agréables. Les *solen* ne quittent jamais le sable, ils y habitent une sorte de puits qu'ils se creusent eux-mêmes, quelquefois à $0^m,50$ de profondeur, et le long duquel ils montent ou descendent suivant les circonstances. A la marée haute, ils remontent à fleur de sable et tendent leurs siphons pour happer tout à la fois nourriture et eau nouvelle; à la marée basse, ils descendent au fond de leur puits qui se remplit d'eau d'infiltration dans laquelle ils trouvent encore à vivre.

Les petits pêcheurs normands prennent le *manche de couteau* au fond de son trou, — qu'ils reconnaissent à son entrée ovale sur le sable mouillé, — en enfonçant vivement au fond du puits un *digot*, c'est-à-dire un morceau de fer mince terminé par un petit bouton. Avec cela, ils n'en manquent point.

Mais, comme le baigneur n'a pas le temps d'approfondir la manœuvre du *digot,* il sera plus vite habile à prendre le *manche de couteau* au moyen d'une pincée de sel, et il s'intéressera à cette capture, car non seulement le *solen* se mange, ainsi que nous l'avons dit plus haut, mais il est un excellent appât pour la pêche et on est souvent très chiche de bons appâts, surtout en été.

Pour faire la chasse au sel, on se rend sur la plage lorsque la mer est retirée et l'on reconnaît les puits des *couteaux:* on prend une pincée de gros sel et on la laisse tomber dans le petit trou. Aussitôt le couteau monte vivement à la surface, et sort à moitié de son trou pour rejeter le sel qui lui fait mal probablement ou lui est désagréable... A cet instant, il faut le saisir rapidement et ne pas le manquer, car s'il rentre dans son trou, tout le sel de la plage ne le ferait plus ressortir.

Rencontrer des animaux qui creusent leurs trous dans le sable humide de la plage n'a rien de surprenant, on voit cela tous les jours dans la terre de son jardin; mais trouver des coquillages qui savent perforer la pierre la plus compacte et la plus dure, cela n'est plus aussi commun. Il faut venir aux bords de la mer pour faire connaissance avec ces intrépides mineurs et surtout... pour les manger!

C'est donc dans la substance même des rochers avancés au milieu de l'eau que le pêcheur apercevra de petits trous bien visibles et espacés presque régulièrement. Il les croira habités par de très petits mollusques, mais qu'il agisse du pic et du marteau, s'il le faut, il sera tout étonné de trouver dans ce trou en forme de toupie un gros coquillage blanc à écailles quadrillées de stries saillantes, et de

6 à 7 centimètres de longueur. C'est la célèbre *pholade,* la perforeuse des roches, et que l'on mange comme un mets recherché sous le nom de *dails.* J'aurais trop de choses curieuses à dire sur le travail de ces intéressants mollusques, il faut m'arrêter à leur pêche, ce sera bientôt fait. Elle se réduit à une récolte à coups de marteau.

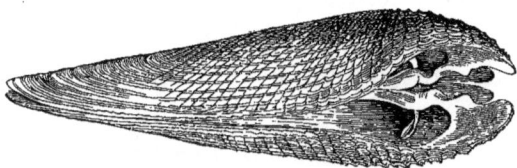

Fig. 50. — Pholade ou dail.

Mais, en rentrant au logis, nous pourrons recueillir encore pas mal de *frions,* cette jolie coquille à deux valves luisantes et polies, ornées de couleurs roses, violet pâle et jaunâtre. C'est la *telline* des naturalistes; elle vit dans le sable en grande quantité, et les habitants des côtes en font une énorme consommation — encore que cette coquille ne soit pas très grosse. Ce qu'il y a de curieux dans la telline, c'est qu'elle saute comme un criquet et qu'au moyen de ces culbutes elle sait fort bien regagner la mer quand on la lui fait quitter. Or, par quel miracle un mollusque *sans tête et sans yeux* peut-il *voir* ou *sentir* la mer?

Bien plus! Puisqu'il se dirige c'est qu'il sait où il faut aller et où il ne faut pas aller… s'il *sait*, c'est qu'il raisonne… Où est situé le siège, l'organe où naît ce raisonnement?

L'animal manque de tête… — au propre —!… et non au figuré! Mystère! mystère!… Rien n'est plus amusant d'ailleurs que de voir une douzaine de frions que l'on a tirés du sable, exécuter leur *steeple chase* de sauteurs pour rejoindre la mer.

Un mot de souvenir au *bigorneau* ou *vignot*, que l'on trouve partout où croît un fucus qu'il puisse manger, et nous aurons passé en revue presque tous les coquillages de nos rivages. Nous n'avons laissé de côté que l'*oreille de mer*, l'*haliotide* des conchyliologistes, mais elle ne se prend pas sur le rivage, à la main. On est obligé de l'aller chercher au filet sur les roches sous-marines; c'est d'ailleurs un de nos plus jolis coquillages, rempli d'une nacre colorée de mille couleurs et contenant un animal que l'on mange — à Brest, où il est très recherché — sous le nom de *cofish*. Cela forme un mets excellent quoique un peu dur, mais c'est le cas de dire, pour ce régal comme pour beaucoup d'autres mets particuliers : *la sauce fait passer le poisson!* Je soupçonne la farce de homard que l'on

joint à l'animal propriétaire de la jolie coquille na-
créc d'être pour plus de moitié dans le succès qu'il
obtient, alors qu'il a passé sur le gril.

L'ajustement est souvent plus que moitié de nous-
même !

Fig. 51. — L'oreille de mer ou haliotide.

Ce qui ressort le plus clairement de notre excursion sur la plage, ami lecteur, c'est — *primo*
— qu'on en revient chargé comme des ânes, et —
secundo — que l'homme qui s'ennuie aux bains
de mer n'est pas digne du spectacle qu'il a sous
les yeux, ni des ressources naturelles qui s'offrent
à lui de toutes parts. Il y a cependant de ces
gens-là !

Plaignons-les, ne les imitons pas.

J'en ai cependant guéri quelques-uns, en les em-
menant presque de force avec moi, mais... le cas
est rare!

PILONOS, CHINCHARDS ET DORADES

Les *pagels,* les *pagres,* les *sargues,* les *dorades* et
tous les poissons *ejusdem farinæ* sont des *goulus*
bien déterminés. Ils forment la population affamée
des rivages, des étangs salés, des havres et de tous

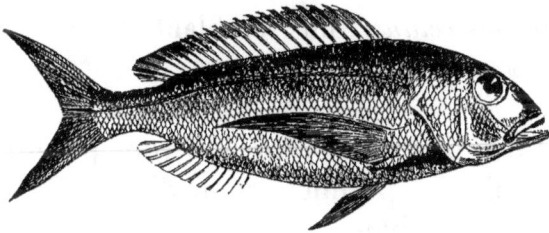

Fig. 52. — Le pagre commun... un *goulu* déterminé.

les endroits où la conformation du terrain promet
une abondante nourriture. Ce sont eux qui gardent l'entrée des ports, un peu au large; ce sont
ceux qui happent au passage tous les détritus
animaux que les petits cours d'eau emmènent à la
mer. Aussi, dénombrer les appâts auxquels se prennent ces poissons serait faire une nomenclature de

toutes les esches possibles et impossibles. Ils mangent tout... et beaucoup d'autres choses encore!

Les *chinchards, sincharts, carangues* ou *saurels,* — ou... dix noms suivant les lieux, — n'appartiennent point à la même famille que les poissons dont nous venons de donner les noms tout à l'heure. Qui a vu un maquereau connaît suffisamment le *saurel,* et la ressemblance est si grande que A. Karr a pu dire : « Les carangues sont des poissons mé- « diocres qui, d'accord avec les marchands de « poissons, font semblant d'être des maquereaux, « comme les *célans* font semblant d'être des ha- « rengs. »

Pêcheurs, mes frères, lorsque vous prendrez un poisson qui, au premier coup d'œil — dans la main, — ressemblera au maquereau, regardez s'il porte une carène en scie, sur les côtés, près de la queue. S'il en possède une, c'est une carangue ou chinchard. Au lieu de le réserver pour le gril, coupez-le en morceaux obliques, et ce très délicatement en diagonale sur les flancs, enlevez l'arête et attachez à votre hameçon ce lambeau en losange d'une chair sèche et couverte d'une peau brillante. Rien n'est meilleur pour prendre un autre poisson plus digne de vous; car je suis obligé de vous l'a-

Fig. 53. — La pêche aux pilonos, chinchards
et dorades.

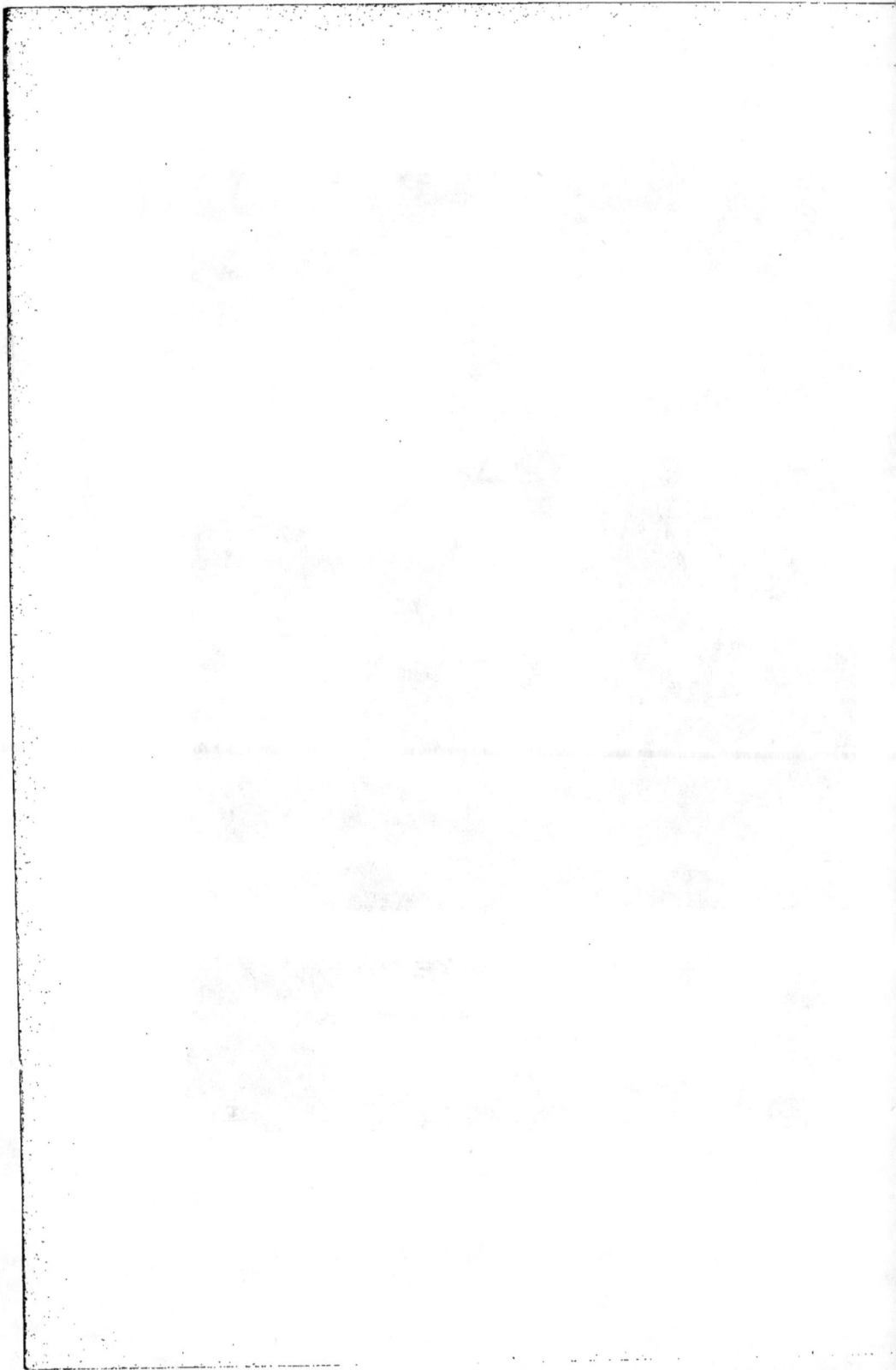

vouer, en vérité, en vérité le chinchard est aussi
délicat, sous la dent, qu'un fragment de câble
dévidé.

Je vous indiquerais encore bien d'autres caractères distintifs entre le carangue et le maquereau,
mais celui ci-dessus suffit. Il est probable, pê-

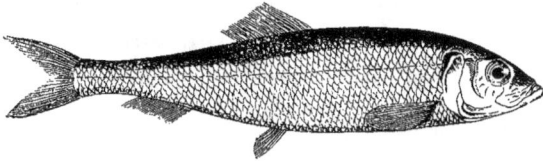

Fig. 54. — Le hareng... malheureux dès son enfance.

cheurs des bains de mer, que le chinchard sera la
première victime que votre hameçon vous rappor-
tera, surtout si vous allez à la première saison vous
plonger dans l'onde amère. Le chinchard arrive,
— ou plutôt remonte, — sur nos côtes de Normandie et de Bretagne, dès la fin d'avril : on en
voit quelquefois des troupes innombrables qui semblent faire bouillonner la mer. C'est à ce moment
qu'ils pourchassent le frai du hareng et très probablement aussi celui de la sardine.

Dès que les mois chauds arrivent, le chinchard

gagne le fond et y demeure à la recherche des épaves de l'eau et aussi, nous le croyons, à la chasse
des *équilles*, qu'il adore, — il n'est pas dégoûté!
— et qu'il poursuit quelquefois jusque sur le rivage.

Vus dans l'eau, du haut d'un navire à l'ancre
dans le port, les carangues, aux mouvements gracieux et rapides, semblent presque translucides et,
n'était leur dos coloré d'un ton feuille morte verdâtre, à peine les apercevrait-on dans la mer. Au
moment où le pêcheur laisse descendre son hameçon couvert d'une amorce, la troupe avide s'élance,
c'est à qui portera son coup de dent, et maintes
fois la multitude de ces importuns poissons m'a
contraint à déserter la place. Il devenait absolument impossible de faire parvenir une esche au fond :
en route, elle était toujours dévorée. Il est vrai que
bon nombre de saurels payaient de leur vie leur
audace et leur gourmandise, mais cela devient
ennuyeux de prendre toujours et toujours prendre
des poissons propres à appâter les autres, sans en
pêcher enfin un pour soi.

Si l'on fait cette pêche en vue des amorces, il
est bon de ne pas se servir d'un hameçon plus
gros que le n° 8. Le chinchard n'a pas la bouche

très grande, et de plus, ses téguments sont peu résistants. Semblable à notre ablette d'eau douce dont il a les mœurs et l'obstination importune, il mord, quitte, revient, repart, attaque, fuit, avec une telle légèreté, avec une telle prestesse que le fil vous transmet à peine une imperceptible sensation. Ici plus de bouchon, — au moins la plupart du temps, — pour guider le pêcheur novice; le bout du doigt doit avoir des yeux?

Aussi, combien manque-t-on de ces carangues avant d'apprendre à les happer au vol! Il est vrai, par contre, qu'une fois le coup de main attrapé, chaque esche rapporte au moins un chinchard, car elle peut servir plusieurs fois!

Pour être à même de pêcher commodément les saurels, il faut monter en barque et aller mouiller dans le passage de sortie d'un port. On est également bien sur les coffres flottants qui s'y trouvent souvent, ou à bord d'un navire à l'ancre dans les mêmes conditions. Du haut du bord, rien n'est plus curieux que d'étudier la manœuvre de ces poissons, alors que la mer est calme et qu'un beau soleil de juillet permet au regard de pénétrer ses profondeurs.

Ce que nous venons de dire suffit pour les pêcheurs de saurels; nous allons maintenant nous occuper du *pilono*.

La première fois que je fis connaissance avec ce
petit poisson, ce fut à Brest.

J'étais piloté par un brave petit rentier, pêcheur
émérite du pays, et rendez-vous était pris pour le
lendemain, six heures du matin; nous devions descendre sur la plage de rochers qui s'étend au
delà de la Ninon, en avant de Porzic, et, là, essayer
de prendre de magnifiques bars dont lui-même
avait capturé l'un des généraux qui pesait une di-
zaine de livres.

A dix heures, militairement, j'étais au rendez-
vous.

Mon homme prit alors, dans une assiette, des
plaques blanches saupoudrées de sel dont je ne re-
connus la provenance qu'alors que, les ayant re-
tournées, je vis reluire des écailles d'argent. Ces
plaques étaient les côtés de pilonos dont les arêtes
avaient été enlevées la veille, et qui, macérés dans
le sel, avaient acquis une fermeté plus grande encore que celle qui distingue naturellement la chair

de ce poisson. Munis de cette esche, la pêche fut
bonne; et il fallait en effet une amorce de consistance extrêmement tenace pour résister assez longtemps au flot qui roulait nos lignes sur les escaliers
de granit des rochers.

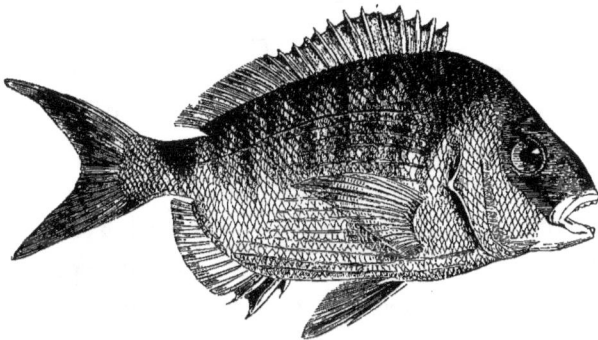

Fig. 55. — Glazelle ou dorade (*Sargus*).

Le *pilono* se prend partout dans la rade de Brest;
je l'ai retrouvé également dans tous les ports de la
Bretagne, et ce poisson est un des plus faciles à
pêcher. On peut même, lorsque la mer est calme,
se servir d'une ligne avec bouchon ou flotte absolument semblable à celle qui sert à prendre des
goujons en eau douce. On la choisira seulement
un peu plus forte, et l'on emploiera un ou deux
hameçons n° 8 à 10. Le pilono mord âprement et
ne se décroche jamais. Son attaque est franche entre
toutes.

En même temps que lui, et aux mêmes endroits, on prendra d'autres pagels, des sargues, appelées *glazelles* en Bretagne, et des pagres. Tous ces poissons, surtout le pilono, voyagent en petites troupes nomades; les gros se tiennent cependant seuls à seuls, mais les petits vagabondent.

En ce moment, ici, ils jouent autour de l'esche à qui se fera prendre... Nous allons en ramener cinq, six, dix de suite... puis, tout à coup, la bande fantasque est allée plus loin... il faut en attendre une autre pour voir tressaillir sa ligne! Heureusement les bandes sont communes, et leur venue ne se fait pas trop *espérer*... comme disent les Bretons.

Les intermèdes, d'ailleurs, sont remplis par la capture des *chinchards,* quelquefois du *congre* ou de l'*aiguille,* et souvent des *merlans* ou des petites espèces de *morue,* appelée *capelans, officiers* etc.

A cette pêche, il est bon de se munir d'une certaine quantité d'amorces et d'en jeter de temps en temps devant soi, au même endroit. On retient ainsi les clans voyageurs, et on appelle d'assez loin les récalcitrants et les peureux. L'une des meilleures amorces est fournie par les fabriques de sardines

confites qui jettent au fumier les têtes et les intestins de ces petits poissons préparés. Pour quelques
centimes on obtient une pleine seillée de ces débris,
et, en en usant sans discrétion, on se fait ce que
l'on appelle une *bonne place*.

La *dorade*, dont il nous reste à dire quelques

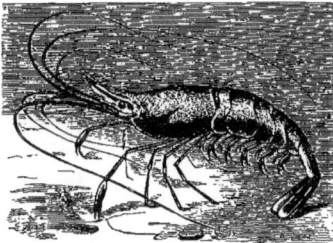

Fig. 56. — La crevette.

mots, est un des poissons chercheurs, rôdeurs,
qui suivent en flânant les rivages des *graus* lesquels,
dans nos provinces du Midi, font communiquer
les étangs salés avec la mer. Gourmandes et défiantes,
il ne faut pêcher les dorades qu'au moyen d'une
longue canne qui permette au pêcheur de s'écarter
de la rive et de se tenir hors de vue. Dans les endroits où l'eau est profonde, on peut employer la
ligne à la main; mais il faudra, avant tout, se guider sur cette remarque que, plus il fait chaud,

plus les dorades aiment à venir près de terre, à la surface de l'eau. La nourriture de ces beaux poissons consiste en mollusques nus et garnis de coquilles qu'ils brisent avec les formidables dents dont leurs mâchoires sont armées, aussi est-ce de la chair de ces animaux dont on recouvre son hameçon.

Les crustacés marins ne déplaisent pas non plus à la dorade. On emploie volontiers la *crevette,* la chair des *crabes,* et à défaut de cela, la chair des poissons que l'on peut prendre, *maquereau, prêtre, chinchard, pilono.*

Faute de chair, on peut même, — surtout au large et quand on monte une embarcation qui file sous un bon vent, — laisser traîner sa ligne un peu longue à l'arrière, et l'armer d'une belle et brillante mouche à saumon. La dorade fond sur cet appât tentateur et s'accroche toute seule, l'impulsion du bateau et celle du poisson, se contrariant la plupart du temps, se traduisent par une brusque secousse qui enferre la gourmande sans rémission.

Une remarque, cependant, domine la pêche de tous les poissons dont nous venons de parler et

qui appartiennent au genre des *acanthoptérygiens
sparoïdes,* c'est que leur gueule, — ou bouche, je
ne sais lequel, — étant très fortement armée de
dents incisives et molaires qui en tapissent à peu
près toute l'étendue, il convient de n'employer
que de très petits hameçons Limericks renforcés,
afin que le poisson les avale et soit pris par les

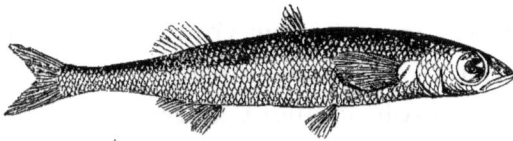

Fig. 57. — Athérine ou prêtre.

téguments de l'estomac ou de l'œsophage. Sans
cela, la pointe de fer rencontrant les dents s'y
accroche, et l'effort du poisson se faisant à faux sur
un bras de levier assez long, l'hameçon s'ouvre
ou se casse, et, dans les deux cas, la proie est
perdue.

Or, si c'est toujours une navrante péripétie que
la perte d'un poisson piqué, la déconvenue est
doublée par le magnifique aspect de cette belle
proie qui, dans l'eau, semble habillée d'une robe
verte lamée d'or poli.

N'oubliez pas, pêcheurs qui venez de prendre
une dorade, de suivre curieusement les change-
ments de teintes qui se succèdent sur le corps de
l'animal près de mourir. L'or, l'argent, l'azur, le
minium même, se mêlent, s'effacent, se succèdent
dans une suite admirable de teintes plus splendides les unes que les autres, et vont s'éteindre
dans un ton sombre un peu plombé.

N'oubliez pas, enfin, de vous munir d'un *dégor-
geoir* pour retirer l'hameçon du gosier charnu dans
lequel il est profondément engagé. Sans cette précaution, vous perdrez beaucoup de temps et ris-
querez de briser l'empile ou de tordre l'hameçon.
Un pêcheur soigneux ne sort jamais sans son dégor-
geoir, son sac et son épuisette. C'est un moyen,
pour lui, de se monter plus finement que ses voisins et, par là, d'augmenter ses chances de succès.

LES CREVETTES

Nous sommes au matin. La mer se retire, roulant mollement ses vagues insensibles au bas de la plage. C'est le moment favorable.

Allons, Mesdames, point de paresse!

A la mer, il faut secouer les habitudes des grandes villes!

A ce prix seul le séjour des bains offre quelques bénéfices pour la santé. Ne craignez point, pour vos frais visages, les rayons du soleil matinal, leur action n'est pas brûlante. D'ailleurs l'excursion que je vous offre est une variété des bains salés que vous prenez chaque jour.

Laissons l'affreux serre-tête de toile cirée qui rendrait laide la plus charmante figure, protégeons nos visages par un chapeau de paille nattée posé sans prétention sur les cheveux et retenu par un ruban, car, au bord de l'eau, le vent s'élève tout à coup et il est inutile d'être forcé de faire une pêche spéciale et répétée de son chapeau sur les vagues. Revêtez le costume du bain, couvrez-vous d'un chaud burnous et descendons; vous allez trouver en bas l'armement qui vous est destiné.

— Mais, qu'allons-nous faire?

— Vous allez pêcher la *crevette*.

Et ce furent des exclamations de plaisir, en même temps que des exclamations de doute, qui retentirent à ma proposition.

— Mais nous ne saurons point!

— Vous saurez, Mesdames : il suffit de vouloir. Maintenant que Marlborough va-t-en guerre, laissez-moi l'armer chevalier. Voici pour chacune de vous une légère truble à main et un panier de pêche : c'est tout ce qu'il vous faut. Le panier se suspend à votre côté par la courroie que voici et que vous passerez en bandoulière sur votre épaule. Vous comprenez de suite que le trou carré que ce panier porte dans son couvercle a pour objet d'y

Fig. 58. — La pêche aux crevettes.

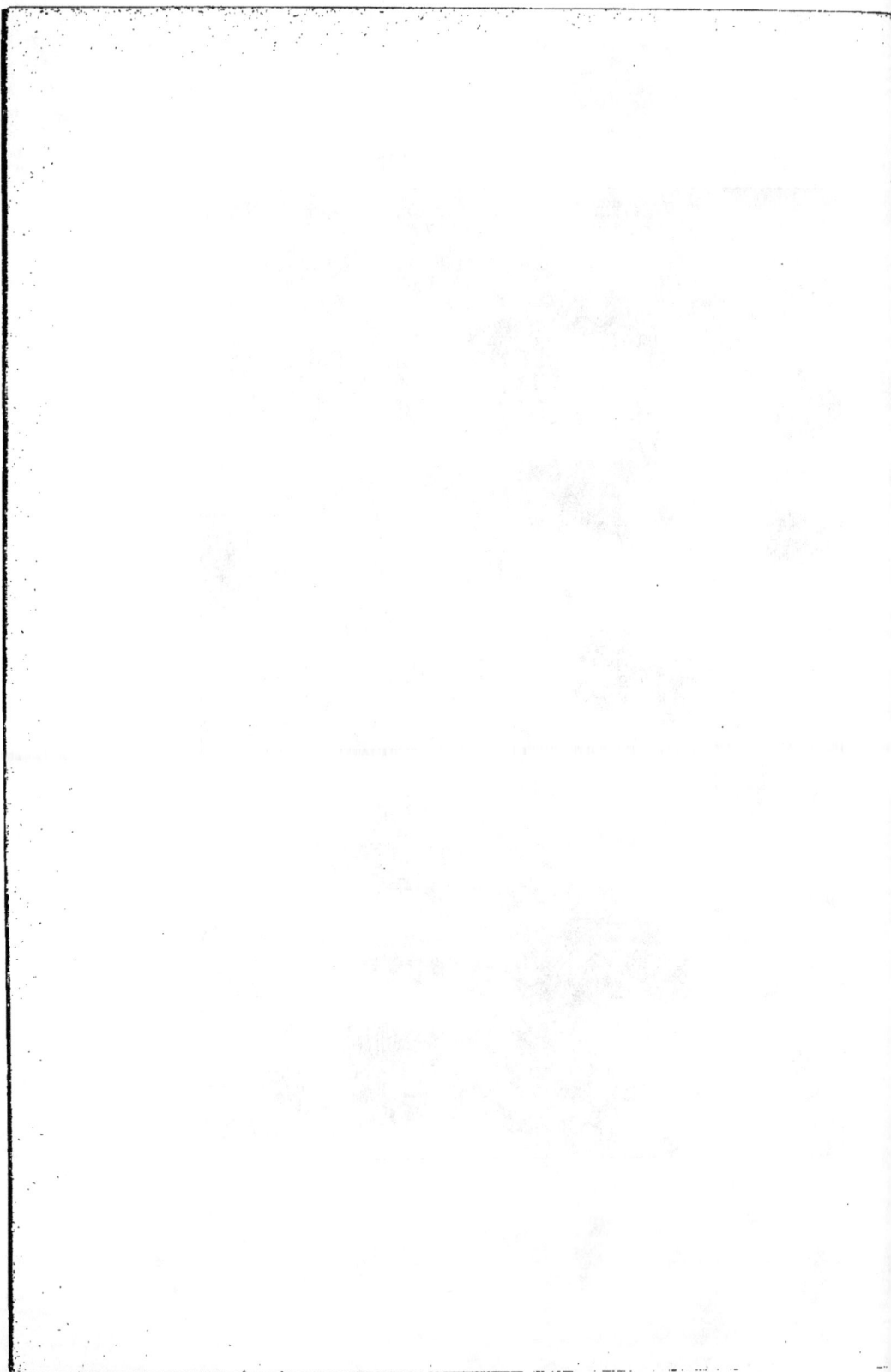

introduire, à chaque instant, votre pêche, sans être obligées de relever ledit couvercle.

Quant au filet, il n'est pas plus compliqué. Vous voyez qu'il se compose d'une poche attachée autour d'un demi-cercle fixé à l'extrémité d'un long manche traversant le demi-cercle afin que le tout soit plus solide. L'ensemble forme un objet assez léger pour être manié sans effort et qui, dans l'eau, perdra encore la moitié de son poids : il est vrai que vous aurez à réagir contre l'oscillation de l'eau, mais cet effort est peu de chose, et d'ailleurs si vous n'aviez aucun effort à faire, ce serait à tort que je vous aurais annoncé la pêche de ce matin comme hygiénique au plus haut degré.

— Et, qui sait se servir de la truble?

— Vous, chère Madame. Tenez le filet posé sur le sable devant vous... Bien! Maintenant, passez le manche sous votre bras; soutenez-le avec la main ou les mains; poussez devant vous... Là! Vous voyez que vous savez, aussi bien que le meilleur pêcheur, vous servir de la truble à main!...

Veuillez m'attendre un instant et, muni de mon costume de baigneur, je vais entrer dans l'eau en

même temps que vous et vous montrer les suites de
notre pêche.

Recommandation essentielle! Il est bon de se
chausser de spadrilles en cordes, ou de caout-
choucs, dans la crainte de se blesser les pieds sur
les débris de coquillages ou de verre qui, quelquefois, se trouvent roulés dans le sable.

A cette pêche, on n'entre jamais dans l'eau plus
haut que la ceinture : la crevette vient du large
vers la plage. On marche donc à sa rencontre pous-
sant son filet devant soi et le relevant de temps
en temps, au hasard, pour voir ce que l'on a
pris.

Mais j'entends à l'aile gauche des cris joyeux.
C'est une jeune fille qui vient de trouver dans sa
truble une très jolie *sole*, ma foi, et qui me semble
fort embarrassée de saisir dans le filet ce poisson
qui se tord et fait des bonds successifs.

Un peu d'aide, allons, Mesdames! Tout à l'heure
ce sera votre tour!

Et la pêche continue au milieu des éclats de

rire et des discussions joyeuses. Jamais on ne s'était
autant amusé!

Les enfants eux-mêmes avaient été de la partie et
pêchaient avec leurs trubles plus petites et plus
légères, ce qui ne les empêchait pas cependant de
prendre aussi leur part du régal promis. Car, non
seulement on s'amuse à cette pêche facile, mais on
se promet le second plaisir de manger le soir des
crevettes *de sa façon,* ce qui est bien quelque
chose.

Poisson pêché, gibier tiré, valent toujours
mieux que celui de la cuisinière!...

Il est d'ailleurs peu de pêches plus fécondes en
surprises que celle de la crevette. Non seulement
on y prend ces petits crustacés, dont nous allons
parler plus au long tout à l'heure, mais on y pêche une certaine quantité de poissons littoraux qui
aiment à se cacher dans le sable et s'approchent
des côtes en été. La *plie* est de ce nombre et l'on
en prend souvent de fort belles. Ajoutons-y la *sole,*
rarement grosse, le *lançon* et l'*équille,* le *turbot* petit, les *vives,* — mais attention aux épines dont la
piqûre est dangereuse! — les petits *grondins,* des
gobies aux environs des rochers, etc., etc.

Au milieu des herbes, alors que la mer se retire au plus bas, alors que les zostères apparaissent comme une prairie submergée, le filet rapporte les belles, belles crevettes, et en même temps les *syngnathes*, — bons à rien et ressemblant à de petits serpents à peau dure et formant des angles, — des *crabes* qui menacent de leurs pinces rouges, noires ou blanches, suivant le régiment auquel ils appartiennent, des petits poissons blancs appelés des *prêtres,* parce que, disent les pêcheurs, ils ont sur le corps deux raies brillantes argentées qui ressemblent à l'étole de M. le curé.

Alors que les herbes apparaissent, arrive le meilleur moment de la pêche : là se prennent les grosses crevettes de fond, les patriarches de l'espèce : celles que l'on nomme *bouquets* et qui approchent quelquefois des écrevisses par leur taille respectable.

Mais l'eau remonte déjà...

Les grandes plages, marquées de petites vagues de sable, reprennent peu à peu l'humidité qui les avait quittées, la mer marche vite, mais que nous importe! Nous reculons à mesure qu'elle avance, et toujours nous nous maintenons auprès de la vague qui effleure notre ceinture. Cependant des murmures éclatent dans la troupe des pêcheurs et des pêcheuses : le grand air du matin, l'exercice salutaire de la pêche ont produit leur effet habituel, tout le monde a faim!... C'est un sauve-qui-peut général, chacun regagne, au plus vite, le filet sur l'épaule, le lieu de dépôt des costumes..., on

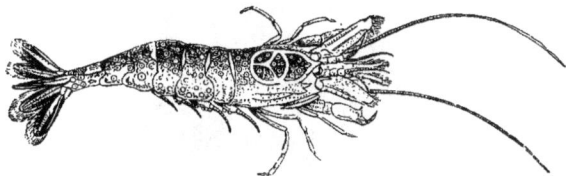

Fig. 59. — Crangon commun, chevrette ou crevette grise.

s'enveloppe et, une demi-heure après, la table joyeuse retentit de récits fortement interrompus par le bruit des fourchettes!

On trouve sur nos plages deux espèces de crustacés auxquels on donne le nom de *crevettes, chevrettes, salicoques, bouquets,* etc., etc., car le vocabulaire est abondant à l'endroit de ces petits animaux. En quelques endroits on pêche les deux espèces ensemble, telles sont les côtes de la Normandie et de la Bretagne; en certains autres, une seule espèce, à Arcachon, par exemple, où manque le *crangon*.

La Méditerranée possède en outre deux ou trois crevettes particulières.

Lorsque je dis que nous n'avons que deux ou

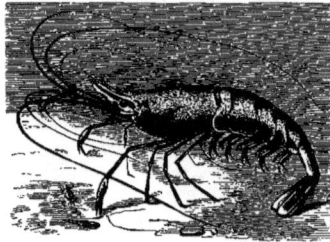

Fig. 60. — Le palémon à scie.

trois espèces de crevettes bien distinctes, je parle pour le *pêcheur*, car le naturaliste en connaît un beaucoup plus grand nombre, mais leur distinction, pour le moment, ne nous importe guère, d'autant plus qu'elles sont toutes égales dans le plat!

Le *crangon* est la *chevrette* ou crevette grise, car il garde cette couleur en cuisant : une semblable différence suffirait pour le faire reconnaître, puisque le *palémon à scie*, la véritable *crevette* devient

rouge par la cuisson. Mais nos pêcheuses ne distin-
gueraient pas aisément quelles espèces elles prennent alors que, non cuites, les crevettes sautent
dans leur filet.

Le *palémon* est cependant très facile à reconnaître, au toucher même, car il porte sur la tête, en
avant des yeux, une lame de corne recourbée en
yatagan et dentelée au-dessus et au-dessous d'épines aiguës qui se font d'autant mieux sentir aux
doigts que l'animal, confiant dans sa seule défense,
vous présente toujours la tête lorsque vous voulez le
saisir. Le *crangon*, lui, n'a qu'un rostre très court
et à peu près inoffensif. Dans l'eau, la couleur de
ces petits animaux est presque nulle et leur corps
semble diaphane comme le milieu qui les contient;
n'étaient leurs mouvements, et la nourriture qui
emplit l'estomac des crevettes, on ne les verrait
presque pas passer dans l'eau, et cependant la couleur des deux espèces est différente; le crangon
est verdâtre et ponctué, le palémon un peu plus
rose.

On rencontre aussi une seconde espèce de palémon, le *trilianus*, dont la couleur est plus foncée,
mêlée de points rouges, et dont la queue présente
des cercles violacés.

Une dernière espèce est encore plus jolie, elle a le corps annelé de lignes rouges peintes en travers, et ses grandes antennes présentent la même disposition sur leur longueur. C'est le *palémon annelé,* il est un peu plus rare que les précédents.

LES OURSINS

Écoutez les gourmets de nos côtes méditerranéennes, depuis Cette jusqu'à Monaco!... la pêche de mer se résume pour eux en un mets merveilleux, succulent, admirable... Vous demandez lequel?

— L'oursin, mon bon!

— L'oursin?... Connais pas! répond l'homme du Nord.

Et quand on lui apporte le malheureux *eschinus* violet, tout prêt à être dévoré *cru* par le fervent adepte de Brillat-Savarin, il se récrie et apprend au méridional indigné combien de millions de semblables *rayonnés* sont dédaignés et perdus sur toutes les côtes de France!...

C'est qu'en effet, il y a peu de pays — excepté les rivages de la Méditerranée et quelques points

de l'Océan — où, chez nous, les oursins soient re-
gardés comme comestibles, partout ailleurs on
n'en tire aucune utilité. Sur les côtes de Bretagne,
par exemple, où ils sont d'une taille énorme et
très abondants, les pêcheurs les rejettent à l'eau
en même temps que les algues, polypes, coraux qui
encombrent leurs filets. Une espèce, entre autres,
l'oursin jaunâtre, dont les piquants ont seulement
la base violette, acquiert, dans ces mers, le volume
de la tête d'un enfant.

J'espère que, pour un Marseillais qui le mange-
rait à la mouillette, comme ses petits *bleus,* ce serait
un véritable œuf d'autruche. D'une autre part, je
ne prétends pas affirmer qu'un œuf d'autruche soit
plus délicat à la mouillette qu'un œuf de poule,
par cela seul qu'il est plus gros, car il pourrait
bien se faire que la même différence existât entre
le gros oursin dont je parle, et la petite *châtaigne
de mer* du Midi ;

.... adhuc sub judice lis est.

Ce sera une grande gloire pour celui qui établira
un classement gastronomique des oursins, et cet
homme, ce sera un Marseillais ! n'en doutons point.
Oh ! les Marseillais !

Fig. 61. — La pêche aux oursins.

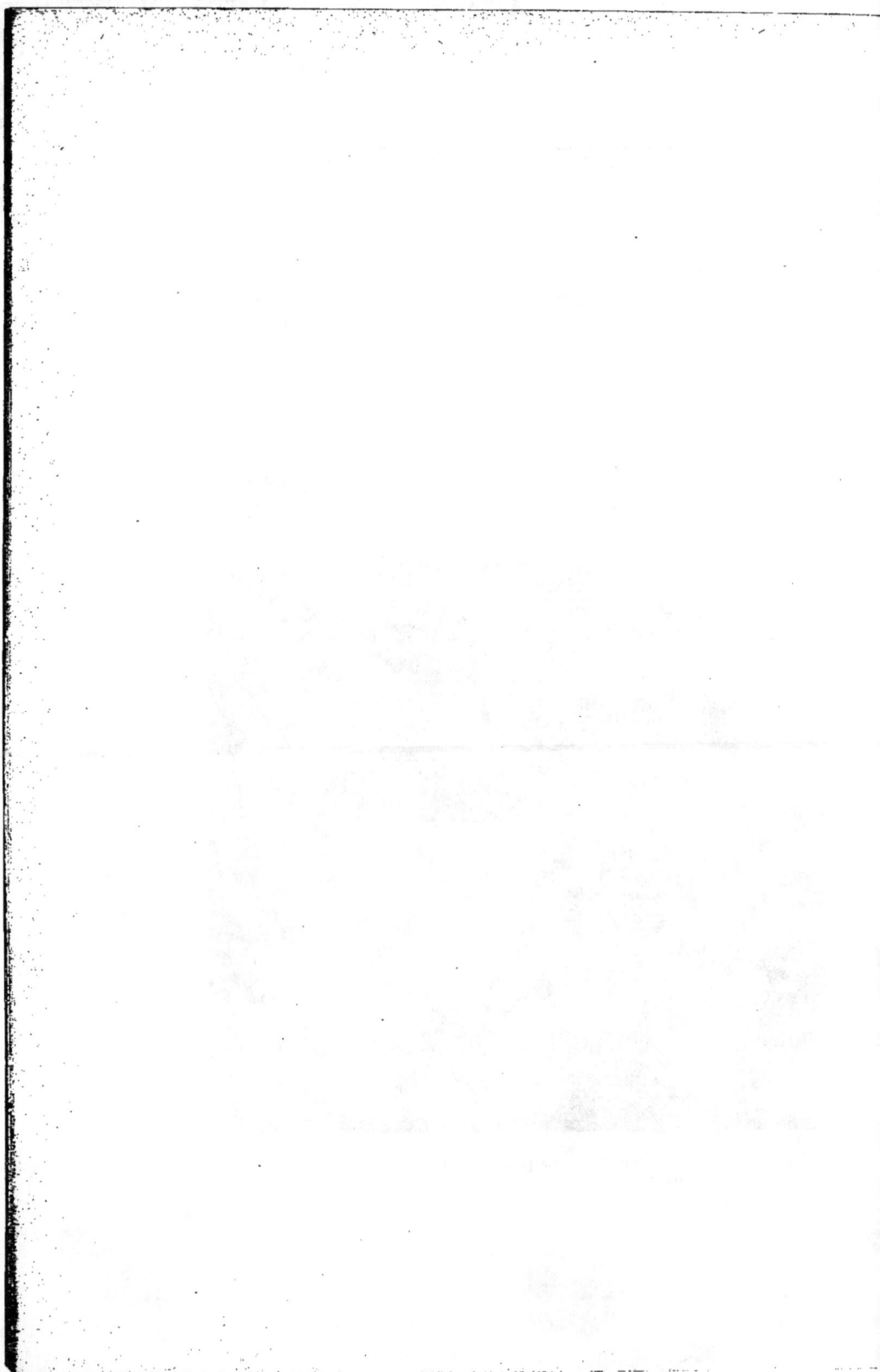

A ce sujet, une petite histoire.

Il y a quelques mois, je me mets en rapport, —
pour la plus grande prospérité du « Courrier des
eaux » de notre bonne *Chasse illustrée,* — avec le
savant docteur A. Sic... d, — je ne le nomme pas,
remarquez bien ! — un Marseillais fort connu par
ses travaux de pisciculture et autres...

— Et l'oursin?...

— Patience! l'aimable docteur me promet un
article pour le mois suivant : je le remercie, comme
bien vous pensez. J'attends, et aujourd'hui je re-
çois une charmante lettre renfermant la causerie
attendue.

— Et l'oursin?...

— Patience donc! Je n'ai pas besoin de vous
expliquer que ledit courrier était plein d'intérêt et
surtout des lamentations de Jérémie sur la tempé-
rature anormale de l'hiver passé, aussi rude à Mar-
seille que partout ailleurs. On voyait — dès les premières lignes — que le spirituel docteur avait les
doigts gelés et qu'il en gardait rancune à Janvier
trop peu clément. Mais, à ces premières plaintes

sur la congélation des étangs de Berre et des Mar-
tigues, succède un élan du cœur.

— Et l'oursin?...

— L'oursin?... Pardieu! le voilà! « Les oursins,
si abondants à cette époque de l'année (janvier) et

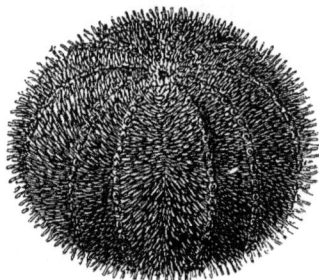

Fig. 62. — L'oursin bon à manger.

si appétissants (!), en étaient réduits à leur plus
simple expression, et non seulement la quantité
avait diminué, — horreur! — mais encore ils étaient
dans un état de maigreur tel, que d'un mets ap-
précié, — je le crois bien, mon bon! — ils en
étaient réduits à rien. »

— Ah! voilà l'oursin.

— Certes, mon bon; mais ce n'est pas tout.

Écoutez encore : « Les temps sont devenus meilleurs, les poissons plus abondants, les oursins ont
commencé à revêtir leur robe rouge et jaune si ap-
préciée des amateurs ; leur coquille, vide en principe, — *a principio*, un souvenir, — se remplit,
et, si les temps d'est qui règnent aujourd'hui con-
tinuent, l'on pourra se régaler de ces coquillages
appréciés des Marseillais et de la plupart des étrangers. »

Docteur, docteur !... Oh ! les Marseillais !

Ce n'est pas encore fini. « Croirait-on, par
exemple, — alinéa suivant, — que les oursins (pour
ne citer qu'un seul coquillage, et il en est de même
des poissons), les oursins, dis-je, qui se vendaient
15 centimes la douzaine, se trouvent aujourd'hui au
prix énorme de 25 centimes au minimum, et encore
est-ce tout ce qu'il y a de plus rebuté ! Notons, en
passant, qu'ils sont très abondants, car on en rencontre à chaque pas. Inutile de dire que nous parlons de revente, car......!!! Ne me demandez pas
la cause de cet écart, — je m'en garderai bien ! —
vu que nous serions obligé, dans ce cas, de vous
dire bien des choses que nous préférons passer
sous silence, persuadé qu'un jour viendra où l'on
comprendra la nécessité d'étudier nombre de pro-

blèmes qui paraissent insolubles parce qu'on ne veut pas en chercher la solution. »

. . . .

Docteur, docteur!... pour Dieu! pas de politique. Nous naviguons sur un volcan... Du calme!...

Les oursins ne sont pas cause de cela.....

Hé bien! chers lecteurs, voilà cependant ce que l'oursin est capable de faire, d'enflammer la bile d'un aimable docteur que je n'en remercie pas moins de ses bonnes communications, lesquelles, d'ailleurs, vous connaissez aussi bien que moi. Or, tous ses compatriotes défendraient aussi vivement que lui l'oursin national.

Mais je m'aperçois que j'ai oublié de vous dire ce qu'était l'oursin : en y réfléchissant bien, je trouve que cela vous est parfaitement inutile.

Cependant, pour les savants et les gens méticuleux, nous rappellerons que cet animal porte, d'après Linné, le nom d'*Eschinus esculentus*, qui veut dire *oursin bon à manger*. C'est un *échino-*

derme, c'est-à-dire un animal à peau épineuse, appartenant à l'embranchement des *radiaires* ou animaux *rayonnés.*

Vous allez peut-être me demander maintenant ce qu'on appelle des rayonnés?

Fig. 63. — L'étoile de mer commune, un modèle de construction rayonnée.

En quelques mots je puis vous le faire comprendre. A côté des animaux supérieurs, qui sont organisés par parties symétriques disposées le long d'un axe commun, — comme l'homme qui a les deux moitiés du corps semblables de chaque côté de la ligne médiane ou épine dorsale, — la nature a produit des animaux dont les organes sont rassemblés régulièrement, non plus autour d'un axe, mais autour d'un point. L'*oursin,* l'*étoile de mer* sont des modèles de cette construction *radiée* ou *en rayon* autour d'un point central.

Revenons à nos... oursins, car il y aurait beaucoup de choses curieuses à dire d'eux, surtout au point de vue de l'histoire naturelle, tandis qu'ici nous n'en parlons que pour indiquer leur pêche. On les trouve sur les rochers humides, dans les fentes des pierres, sous les algues, quelquefois tout simplement dans le sable : ils n'adhèrent point aux objets extérieurs et il suffit de se baisser pour les prendre, seulement il faut mettre des gants si l'on a peur de se piquer les doigts.

Rien n'est plus facile; mais les plus gros oursins n'aiment point à se mettre à sec sur le rivage; ils ne quittent jamais la grande eau; c'est donc là qu'il faut les poursuivre. La Méditerranée, surtout dans les baies tranquilles du littoral, à Nice, Monaco, Cannes et autres lieux d'hivernage, offre quelquefois une surface aussi unie que celle d'un lac et une eau dont la transparence est complète. On s'embarque alors dans un petit bateau et l'on va rôder doucement autour des rochers par une, deux ou trois brasses de profondeur. L'oursin se voit parfaitement, rampant sur le sable du fond...

En partant, le pêcheur s'est armé d'un long roseau fendu en quatre à l'extrémité. L'ouverture de ces quatre pointes est maintenue par un bouchon simplement enfoncé entre elles, et leur écartement est calculé sur la grosseur moyenne des oursins du canton. Une fois la bête découverte, comme ses mouvements sont lents, on n'a pas besoin de se presser : on descend le roseau fendu au-dessus d'elle, et on pousse... elle se trouve prise entre les branches, et on la ramène. On manque son coup, cela est vrai, mais on en est quitte pour recommencer... la proie ne fuit point. Ces promenades, par un calme plat et par une douce chaleur en plein hiver, plaisent beaucoup aux étrangers et sont souvent faites par eux, surtout par ceux qui ont pris goût au régal des oursins, car on en rapporte facilement ainsi 7, 8, 10 douzaines pour son déjeuner.

Comment mange-t-on les oursins?

D'une manière vraiment primitive et qui n'a pas progressé depuis le jour où un malheureux Robinson a, dans une île déserte, dévoré vif le premier oursin.

On les retourne du côté de la bouche, — ouverture qui se trouve à leur partie inférieure, — on les ouvre comme un œuf avec la pointe du couteau, et on rencontre dans leur coquille une sorte de pulpe rouge-orange, un peu glaireuse comme un jaune d'œuf cru et en même temps granuleuse, qui compose les ovaires de l'animal. Lorsque ces ovaires sont pleins, l'oursin est bon; s'ils sont vides, l'oursin l'est aussi, et, dans ce cas, on ne le mange pas.

On cueille très bien encore les oursins au fond de l'eau avec une épuisette à long manche; c'est plus commode, mais moins amusant que les lances de roseau fendu. Et puis, la couleur locale!

Il me serait absolument impossible de quitter l'oursin, cher lecteur, sans faire un brin de statistique à son égard; c'est indispensable. Il est vrai, aussi, que vous avez le droit de réserver cette partie de son chapitre pour le jour où la mer sera mauvaise et où vous ne pourrez pas aller pêcher l'animal. Ce jour-là, croyez-moi, gardez, en même temps que ma statistique, un couple d'oursins vivants dans un vase en verre rempli d'eau de mer, et regardez-les marcher, monter sur les parois... Vous aurez de l'intérêt et de l'imprévu à consommer pour toute votre journée.

La coquille de l'oursin est percée de dix rangées de trous très petits qui donnent chacune naissance ou passage à un pied. Ce pied est un appareil fort compliqué en lui-même, terminé par une petite ventouse, et l'animal le lance en avant en y comprimant de l'eau à peu près comme nous raidissons un doigt de gant en soufflant dedans : puis, nous le voyons retomber flasque, si nous cessons de souffler. Les oursins projettent ainsi leurs mille jambes, se halent peu à peu sur elles,... mais ce leur est très fatigant! Aussi, se laissent-ils souvent ballotter par la mer, en hérissant leurs épines qui les garantissent alors des chocs trop intenses.

Lorsqu'il a gagné le lieu qui lui convient, l'oursin se creuse généralement un trou, et cela dans le rocher même, et dans le plus dur. En Bretagne il fait choix du granit, du micaschiste et des autres roches primitives semblables qui défient presque le pic de l'homme. Au bout de quelque temps, sa maison y est creusée en forme de coupe ronde, dans laquelle il se blottit et où il entre exactement à piquants ouverts.

Comment s'y prend-il?...

C'est ce que nous allons voir.

L'oursin possède, dans l'ouverture buccale, cinq
dents terminées par des pointes très dures, ces dents,
fortement montées sur une sorte d'armature os-
seuse qui représente en quelque sorte des membres,
sont, en outre, mues par des muscles très puissants.
Elles agissent sans relâche, comme des pics pour
miner les parties les plus tendres de la pierre, et
comme des pinces pour saisir, ébranler et arracher les grains les plus durs. Il est probable que
l'action de l'eau n'est pas sans influence sur ce
mode de désagrégation. M. F. Caillaud, directeur
du Musée d'histoire naturelle de Nantes, a fort bien
étudié cette curieuse industrie et avait rassemblé
— à l'Exposition universelle — de très intéressants spécimens des travaux de l'*Eschinus lividus*
(Franck), *oursin livide,* dans les grès ferrugineux
de Douarnenez. Il avait trouvé un oursin avec
un grain de quartz entre les pics de la bouche, au
moment où il venait de l'arracher à la roche de
granit dans laquelle il faisait son trou. C'est à
l'action plus aisée de ces pinces sur des roches ag-
glomérées, que l'on doit attribuer la facilité plus
grande que rencontrent ces radiaires à creuser leur
trou dans le granit que dans les autres roches qu'ils
sont obligés de piquer. L'oursin révélateur dont
nous venons de parler a été rencontré le 26 décem-
bre 1851, sur le côté sud des rochers du Croisic...

Voilà ce qu'on appelle avoir de la chance!

Encore un mot avant de finir. La carapace d'un oursin de moyenne taille comprend 920 pièces polygonales toutes articulées... portant 4,500 mamelons, garnis chacun de son épine,... plus, 3,840 trous... par où sortent 3,840 pieds...

Et toutes les pièces de cette carapace croissent à la fois!...

Hé bien! ami baigneur, est-il encore temps de s'ennuyer?... Et n'est-ce pas une belle chose que la nature!!

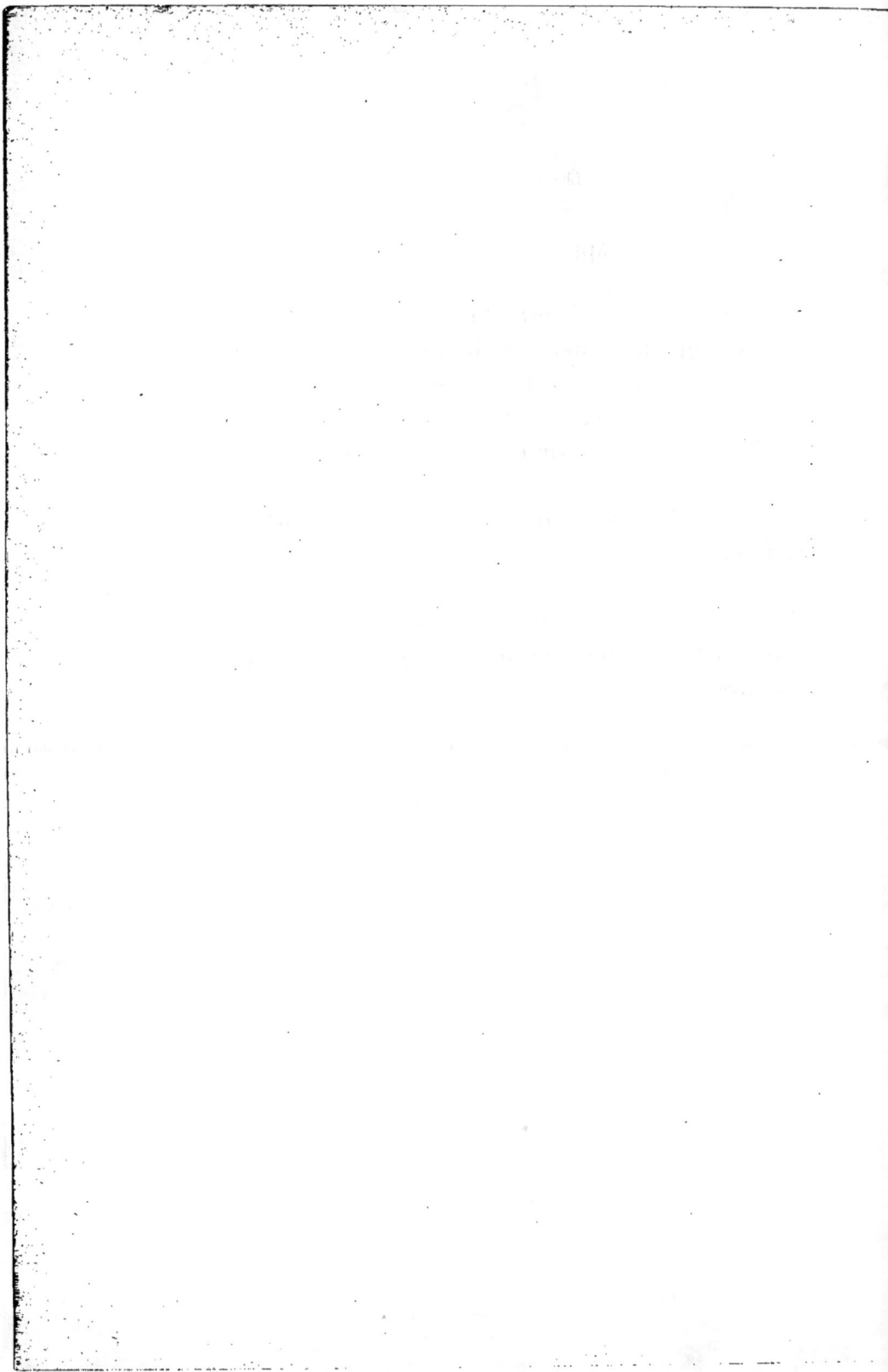

LA PÊCHE AU FEU ET A LA FOËNE

La *foëne, fouanne* ou le *trident* est un instrument aussi vieux que les hommes.

Le premier sauvage armé de sa lance qui vit
passer un poisson à sa portée essaya de le percer;
mais il s'aperçut bien vite que la chose était plus
facile à souhaiter qu'à faire, et il imagina de dou-
bler, de tripler, de quintupler les chances de réussite en augmentant le nombre des pointes à sa lance.
La foëne était dès lors inventée.

De nos jours, la foëne est plus compliquée;
elle porte de 10 à 15 dents se terminant en pointes aiguës, souvent barbelées et implantées sur
une traverse de fer portant une douille dans laquelle
s'emmanche une hampe de bois solide et légère.
A l'autre extrémité du manche est percé un trou
dans lequel passe un anneau auquel s'attache une
corde mince, destinée à ramener à soi foëne et
poisson piqué, mais souvent la foëne toute seule, .

qui sans cela s'en irait à vau l'eau ou se fiche-
rait dans le sable, et y resterait.

Tout ce qui passe, tout ce qui grouille, depuis
la grenouille jusqu'au plus beau poisson, aux
crustacés les plus dodus, tout cela est de bonne
prise avec la foène;... aussi cet instrument est-il un
de ceux qu'affectionnent tout d'abord les étrangers attirés par les bains de mer sur les côtes de
la Méditerranée. L'attrait est grand, parce que les
coups varient sans cesse et que les difficultés nais-
sent à chaque pas; aussi les amateurs se livrent-ils
à cet exercice avec une véritable frénésie. Peut-
être la chance de prendre les poses académiques
de Neptune lançant son trident est-elle pour quelque chose dans l'amour des baigneurs pour la
fichouira, car c'est ainsi que l'on nomme l'instrument en provençal.

Si les nuits de la Manche et de l'Océan avaient la
splendeur et la transparence de celles de la Méditerranée, les peuples eussent démontré depuis des
siècles aux législateurs que la pêche *au feu et à
la foène* n'est ni meilleure ni plus mauvaise que
toutes les autres pêches de mer; car la pêche la
plus intéressante que puisse fournir la fichouira se
fait au moyen du *farillon,* sorte de réchaud sus-

Fig. 64. — La pêche au feu et à la foène.

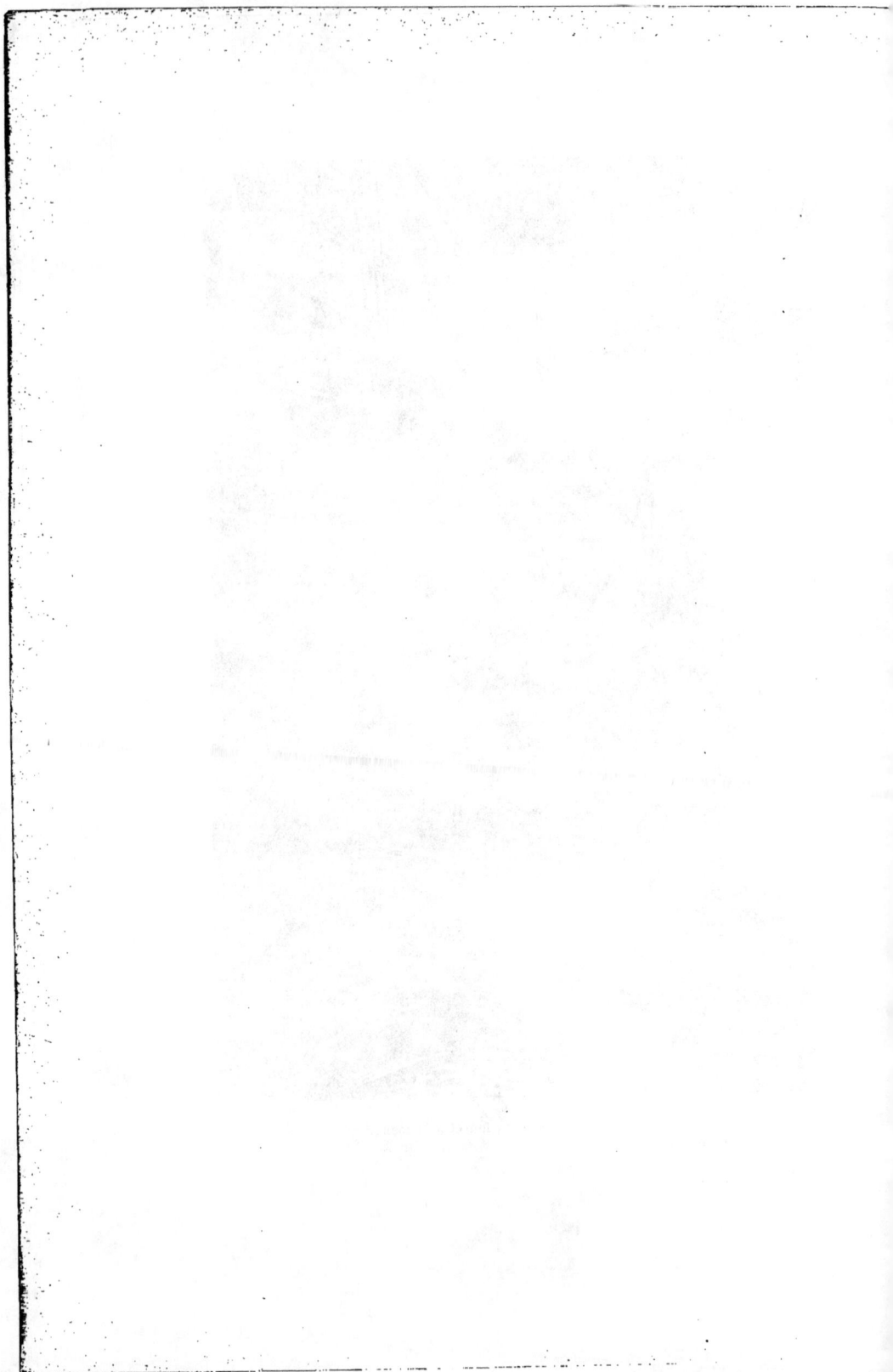

pendu à l'avant de l'embarcation et dans lequel
on fait brûler de légers copeaux de bois résineux.
Plus il y aura de flamme, plus le feu sera propice.

En général, tous les animaux sont attirés par la
lumière; les oiseaux même obéissent à l'attrait singulier de ce soleil factice, et les poissons ne font
pas exception; au contraire, ils semblent avoir une
prédilection particulière pour les rutilants reflets
de la flamme.

A peine les premières brindilles sont-elles allu-
mées, que la mer semble s'animer autour du bateau...

Tout est dans l'ombre : la nuit les eaux sont
noires comme les ondes de l'Achéron... Soudain
des lueurs se projettent sur les plis des vagues à
peine sensibles, et semblent de longs rubans de
pourpre qui se ploient et se déploient...; les rochers, — au pied desquels les captures sont plus
belles et plus nombreuses, — revêtent des teintes
fantastiques, les anfractuosités simulent des grottes
immenses, les aspérités scintillent, tout s'anime
autour des pêcheurs...

La mer alors frémit sous le brasier; des milliers
de petits poissons, — *mélets*, *blaquets* et autres,
— fourmillent, faisant luire leurs écailles argentées;
ce sont des gerbes d'étincelles brillantes, fauves,
des reflets indescriptibles, suivant que les bancs
s'assemblent ou se divisent brusquement comme

Fig. 65. — Le squale roussette.

les éclats d'un feu d'artifice... Peu à peu viennent
se promener, parmi le fretin des espèces plus grosses, les *mulets* au nez obtus, aux écailles rayées de
sombre, les *dorades* au corps aplati et aux reflets
métalliques, les *officiers* aux flancs presque transparents sous leur parure verdâtre ou brune...

Le pêcheur, penché à l'avant en arrière du farillon, demeure immobile, la foène en arrêt, le
cœur palpitant, l'œil ouvert sur les hasards des
rencontres...

Tout à coup une ombre passe au fond des eaux
et disparaît dans le sombre,... puis cette ombre

Fig. 66. — La pêche à la foène à pied.

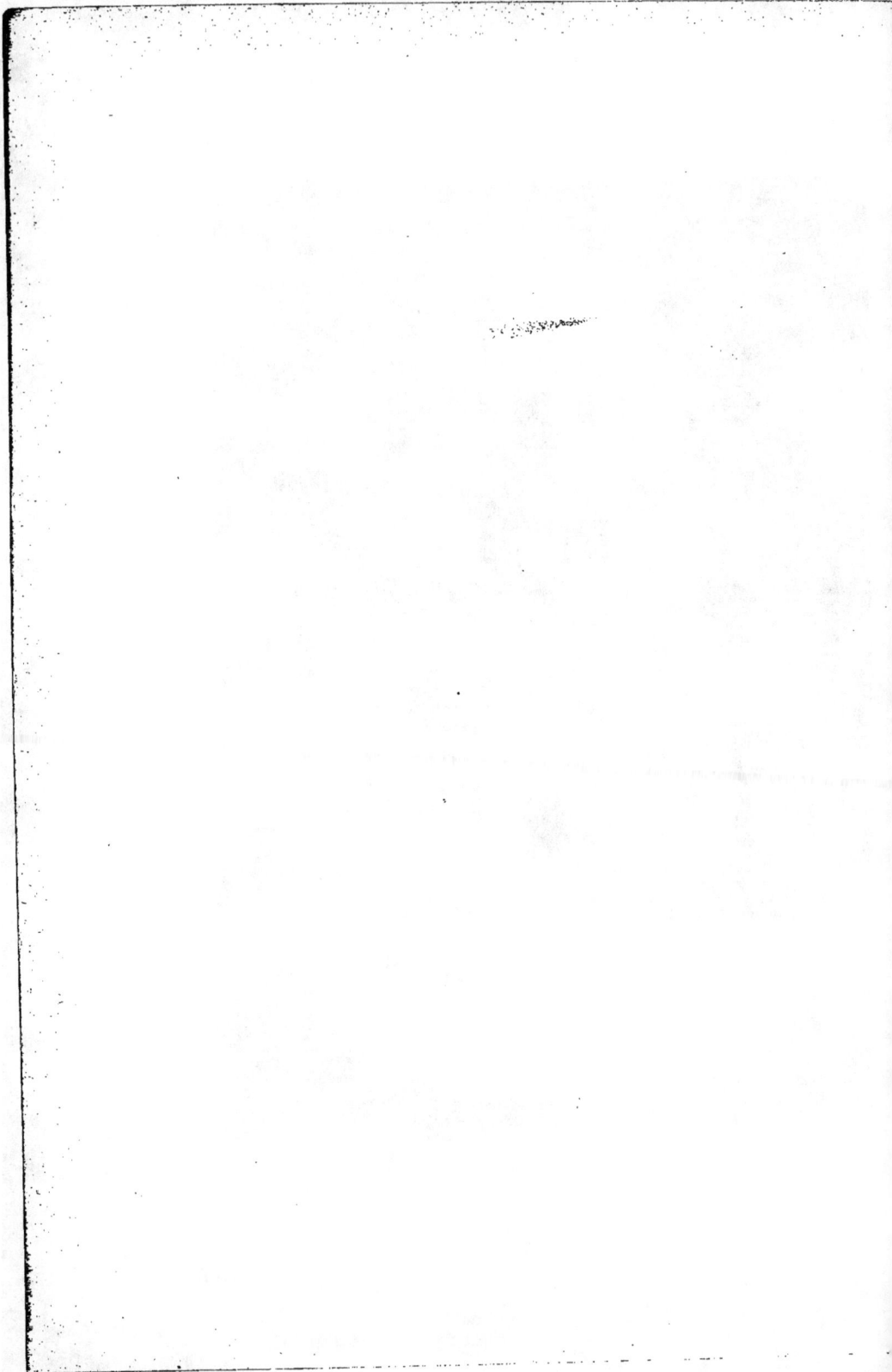

revient lentement, lentement, émergeant insensi-
blement des profondeurs... Peu à peu les écailles
revêtent leur teinte argentée, ou la peau du squale
change deux, trois fois de couleur suivant les jeux
de la flamme...; l'œil fixe, le poisson monte, toujours attentif à cette lueur fascinatrice qui l'arrache au sommeil qu'il goûtait parmi les grandes
algues. La foène part en sifflant, la corde se déroule avec un bruit sec,... l'eau bouillonne, frap-
pée par un coup de queue furieux.

Mais le pêcheur tient la ligne; le poisson se débat
dans les convulsions du désespoir et de l'agonie...
Cependant, sous la tension de la corde, il s'approche peu à peu du bateau... Hopp!!

Il est à bord! C'est un bar énorme, une *loubine,*
un *maigre,* une *thonine,* un *squale...,* car tous les
poissons viennent au feu.

Ce n'est pas tout, l'aide du pêcheur, — car il
lui en faut un, — nage lentement et doucement
vers une plage de sable : la flamme éclaire le fond
comme si l'eau ne recouvrait point cette surface...;
les *plies,* les *turbots,* les *soles,* étonnés font voler
un léger nuage de sable autour d'eux, puis retombent dans l'immobilité.

Ceci est assez pour le pêcheur.

D'un mouvement doux, il file la foène dans l'eau, puis, arrivé au-dessus du poisson, une vigoureuse secousse fait partir l'instrument, dont le fer disparaît dans le sable... Un bouillonnement suit, et la foène revient après avoir embroché une plie monstre, qui se tord au bout de ses dards...

Quelle admirable pêche! quelles splendides soirées! quels souvenirs!...

Telle est la plus belle pêche à la foène, quand on emploie le feu comme auxiliaire; c'est également la plus profitable.

La foène n'est pas à dédaigner non plus au grand jour, en plein soleil.

Les étangs salés des bords de la Méditerranée sont les endroits où le trident exerce son empire; mais le pêcheur novice a besoin d'y faire un apprentissage pour arriver à découvrir l'*anguille* qu'il va y chercher, car c'est l'anguille que l'on chasse dans les vases avec la *fichouira*.

Or, l'anguille, là comme partout, est un poisson

plein de ruses : elle aime se cacher; la vase lui sert
à cet usage, et quand elle a chassé toute la nuit
les petits poissons et les vers qui forment sa nourriture, elle se gîte, — comme le lièvre, — et attend patiemment que le crépuscule lui apporte de
nouveau la sécurité et la liberté.

Mais si elle se gîte, elle a soin de cacher son
gîte.

Cela est élémentaire.

Il faut donc que le pêcheur novice apprenne à
le découvrir; à moins qu'il n'aime mieux passer
sa journée à donner au hasard de grands coups de
foëne à travers la vase : auquel cas il prendra peut-
être quelques anguilles, mais beaucoup plus sûre-
ment un abondant bain de vapeur en parcourant
les bords des salins, des canaux, des fossés qui
coupent les étangs.

Le matin, l'anguille fait choix d'un endroit où
la vase est demi-molle et assez épaisse. Elle s'as-
sure de la consistance du sol avec sa tête, puis, se
retournant, elle introduit, la queue dans le rudi-
ment de trou qu'elle vient de faire, et, par une suite
de tressaillements rapides, elle enfonce à vue d'œil et

disparaît en totalité. Tout cela ne se fait pas sans pro-
voquer un petit nuage de boue, mais si peu, si peu,
que cela n'en vaut pas la peine !... Elle est cachée jusqu'au bout du nez, mais elle ne se recouvre pas
de vase; elle attend que les particules soulevées
retombent sur elle, cela suffit. Malheureusement,
il faut qu'elle respire, et le mouvement incessant
de ses branchies suffit pour entretenir un petit
tourbillon trouble qui demeure au-dessus de sa
tête.

Dame! ce n'est pas grand'chose, et il faut de
bons yeux pour le reconnaître! mais c'est assez, et
celui qui sait le voir ne manque pas une anguille.
Il pose sa foène un peu en avant du nuage, enfonce brusquement..., et ramène l'animal frétillant au milieu des pointes barbelées.

On le retire de là sous le pied : on le prend
comme on peut, et on le place dans le panier qui
vous pend sur l'épaule.

Un peu plus loin, le même manège recommence.

La foène est encore employée, dans les mêmes
parages, à la pêche des *orphies* ou *aiguillettes*, qui

entrent dans les *graus* ou conduits et canaux faisant
communiquer les étangs salés avec la mer. Cette
pêche est fort amusante, mais difficile, parce que
les orphies sont des poissons doués d'une grande
vélocité, et qui, sans quitter la surface, sont agiles
comme des anguilles..., ce n'est pas peu dire!

En Bretagne, la foène sert également à la pêche à pied des *orphies*. Mais là on prend ces poissons afin d'avoir des amorces très recherchées
pour la pêche des grosses espèces dans les grandes
baies. Les pêcheurs se mettent quatre dans un bateau muni, à l'avant, d'un *farillon* ou *fasquier*
dans lequel du feu est allumé, puis laissent dériver le bateau. Quelquefois le feu est simplement
celui d'une torche de paille enflammée que tient
un des pêcheurs tandis que les trois autres, — et
souvent des amateurs qui les accompagnent, — sont
munis de larges foènes à vingt dents ressemblant
à un râteau de fer emmanché droit.

Une fois les bandes d'orphies attirées autour du
bateau, on frappe, on frappe sans relâche!

Les orphies ne s'effarouchent point, de sorte que
la lutte ne finit que faute de combattants.

On en prend jusqu'à douze ou quinze cents dans une nuit!

Baigneurs, je vous souhaite des plaisirs pareils... pour bien déjeuner le lendemain matin!

LA MARAUDE SUR LA PLAGE

La maraude sur la plage! le bonheur des jeunes
années! la liberté de courir, de gambader, de se
rouler, d'aspirer le vent qui soulève les cheveux,
de piétiner les flaques d'eau salée qui vous mouil-
lent les jambes!... Et tout cela, sous les yeux de
la maman qui sourit, au nez du papa qui réfléchit,
s'émerveille et s'oublie, plongé dans la contemplation d'une algue, d'un animal, d'un grain de sable
même!... car dans la mer tout est grand, tout est
infini, tout ramène à Dieu!!!

Pour l'enfant tout est nouveau, tout est beau,
tout invite au plaisir! Oh! les joyeux éclats de
rire.

Heureux âge, que ne dures-tu toujours!

Mais la bande joyeuse s'est échappée au milieu
des rochers; chacun, muni de l'instrument qu'il
a pu apporter, cherche; chacun fouille les creux

du rocher, parcourt un lac de deux mètres de
tour, ou sonde une crevasse profonde... comme
le bras!

C'est que dans le creux de la roche habite un
ermite, dont on désire ardemment la possession,
un crabe dont, en se penchant bien, on aperçoit
vibrer les mandibules... C'est que dans le lac on
voit passer des crevettes, nageant à reculons et
courant se cacher sous les herbes vertes et roses...
C'est que la crevasse profonde va recéler un *boulereau!*

Le boulereau est un martyr que la plage fournit
aux enfants. Ce chétif poisson, — fort hideux, ma
foi! — est pour eux ce que le hanneton, le carabe
doré ou cheval du bon Dieu sont parmi les insectes, le lézard parmi les reptiles, l'ablette parmi
les poissons d'eau douce. Hélas! chaque branche
du règne animal a son martyr dévoué à l'enfance
de l'homme, le plus cruel des êtres, puisqu'il met
à mort des animaux sans nécessité!

Le *boulereau* est un petit poisson noirâtre, à figure mauvaise. Sa bouche, armée de dents, est toujours prête à mordre, même le doigt de l'enfant
qui le tient. Heureusement cette morsure est inof-

fensive pour nos organes; mais elle suffit au boulereau pour emporter un morceau de son semblable quand il peut l'atteindre; aussi lorsqu'on
enferme deux boulereaux dans un aquarium, le
plus fort mange le plus faible avec une véritable
satisfaction et un enthousiasme qui prouvent, —
par comparaison et une fois de plus, — que l'an-
thropophagie est dans la nature et que la chair
humaine doit avoir un goût excellent!

Allons le demander aux Nouveaux-Calédo-
niens!

Ils ont le bonheur d'avoir digéré déjà pas mal de
Français; ils nous diront si nous avons un goût de
terroir plus prononcé que les Anglais ou les Alle-
mands.

Quant à moi, — j'en suis convaincu, — nous
devons avoir un bouquet de *vraie purée septem-
brale,* comme le dit Rabelais, tandis que évidemment tous ces gens-là ne peuvent sentir que la
bière.

Le boulereau n'est point le seul habitant des petites anses qui restent, à mer basse, entre les rochers; aussi, dès que nous approchons d'un de

ces réservoirs en miniature une foule d'êtres s'y
mettent en mouvement. Tout n'est que saccades,
bonds et fuites plus rapides les unes que les autres.

Au premier coup d'œil l'eau, troublée dans sa
limpidité, ne laisse rien apercevoir; mais demeu-
rons quelques instants immobiles, et tout reprendra
dra sa physionomie habituelle : les poissons risque-
ront un peu leur tête au delà des herbes, les plus
hardis traverseront l'eau d'un élan rapide, les crevettes se pousseront en reculant au plus creux de
la mare, les crabes commenceront à arpenter gau-
chement le sable en marchant de côté... C'est à
ce moment qu'il faut employer, pour saisir ces différents animaux, le filet à papillons que l'on a tout
d'abord plongé dans l'eau en approchant de la
mare et que l'on a tenu immobile dans le liquide.
On peut, pour plus de facilité, remplacer par un
tulle la gaze de ces filets, ce qui permet de les
manœuvrer plus aisément et surtout plus rapidement sous l'eau. Malgré le filet, la chasse n'est
point instantanée, et certains petits poissons agiles
exercent la patience du chasseur.

C'est là qu'on prend la *baveuse* ou *blennie,* petit
poisson vert et jaune pointillé de brun ou de noir,

Fig. 67. — La maraude sur la plage.

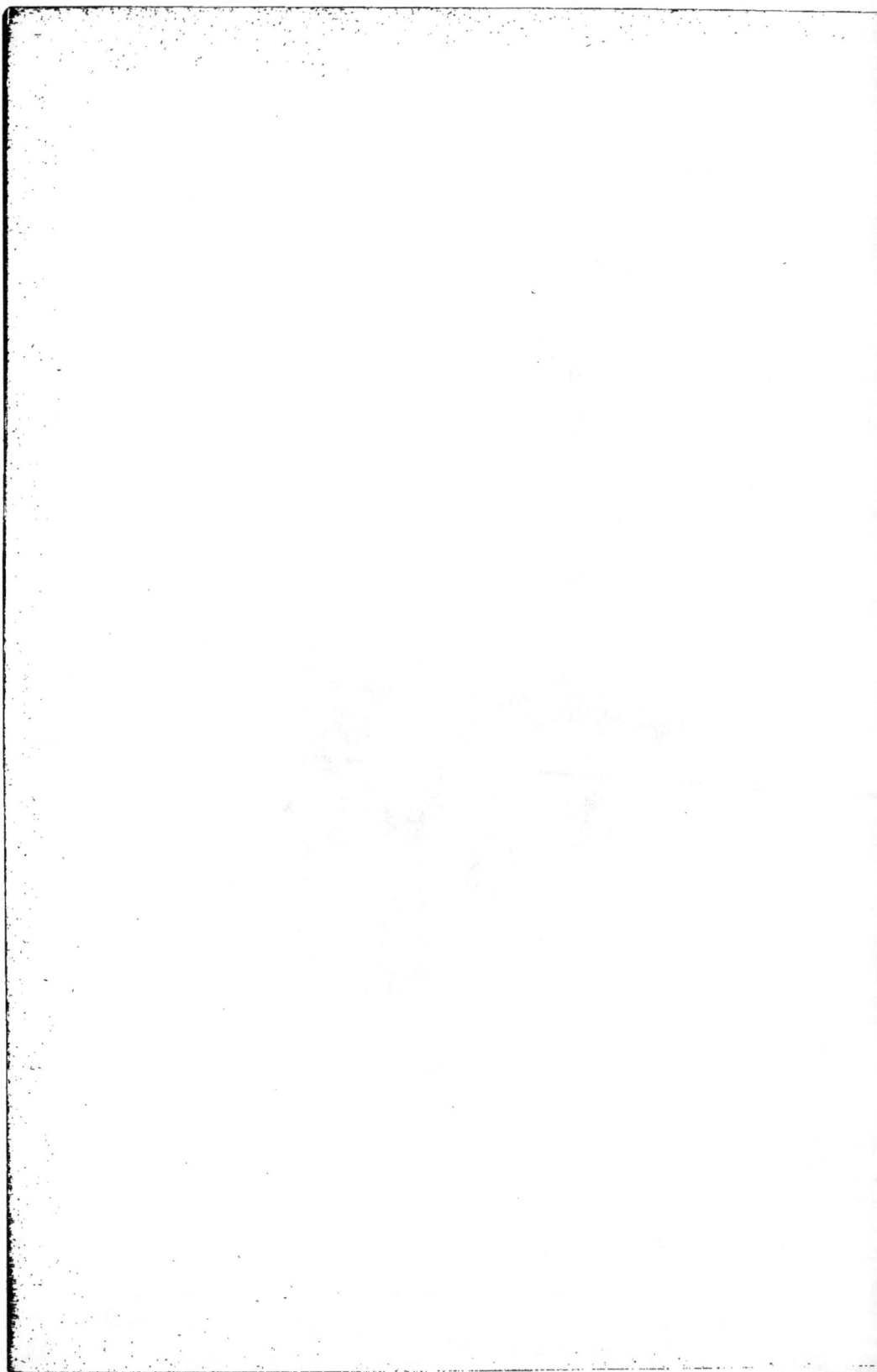

dont le corps, sans écailles apparentes, est couvert
d'une abondante mucosité qui lui a valu son nom.
La tête est coupée presque verticalement, ce qui
donne au poisson une physionomie toute particulière, facile à reconnaître. Il cherche, comme le
boulereau, à mordre la main qui s'avance pour le
saisir. Ces deux petits poissons vivent très bien dans
un aquarium rempli d'eau de mer.

Les *buhottes* ou *gobies* sont très vifs, très gentils
et se reconnaissent à leur nageoire dorsale en avant,
qui est barrée de raies brunes régulières, tandis que
la seconde, en arrière, est incolore. Ce petit poisson,
de même que le boulereau, a une propension décidée à se cacher dans les coquilles abandonnées. Il
guette de là les proies qui passent à sa portée, et
s'élance sur elles : ce sont ordinairement des petites crevettes.

Les deux espèces de poissons dont nous venons
de parler possèdent un appareil de suspension très
original, composé de leurs deux nageoires ventra-
les, réunies et soudées en une seule. Au moyen
de cet appendice, qui forme ventouse, ces animaux se tiennent accrochés aux surfaces verticales
sans effort, retenus par le vide fait sous leur na-
geoire-pied.

On prend aussi dans les mêmes flaques d'eau le
cotte ou *diable de mer,* l'un des plus vilains poissons que l'on puisse rencontrer. Sa tête est énorme,
couverte de pointes et de lambeaux de chair : les
yeux, gros et stupides, se montrent rassemblés l'un
à côté de l'autre et placés sur le dessus; la gueule,
énorme et garnie de dents aiguës, s'entrouvre
comme un four, semblant vouloir faire le tour de
la tête : les nageoires sont grandes, frangées, gar-
nies de rayons qui leur donnent l'aspect d'ailes de
chauve-souris, et le corps finit rapidement en pointe
comme celui d'un gros têtard. Tout est hideux,
même la couleur livide, dans cet animal repoussant,
et ses mœurs carnassières ne valent pas mieux que
son aspect. Si la main s'avance pour le saisir, il
se gonfle comme un crapaud, secoue ses nageoires,
hérisse ses aiguillons et gronde comme le ferait un
jeune chien.

En somme, le diable ou le crapaud de mer n'est
bon à rien, et doit être abandonné dans son coin,
car ses piqûres peuvent causer une vive inflammation, dont, au reste, l'acide phénique a promptement raison.

Qu'est-ce à dire? Les coquilles se mettent en
mouvement au fond de l'eau : elles ont des pattes

pour marcher, et se heurtent cahin-caha autour
des grains de sable? Mais en saisissant une de ces
coquilles contournées du buccin, voici que notre
étonnement redouble. Un crabe, un crustacé, facilement reconnaissable à ses deux pinces, qu'il
tend en avant, habite la coquille et la traîne partout avec lui!

Fig. 68. — Bernard l'ermite dans sa maison.

C'est que le *Bernard l'ermite,* — car c'est lui, le
pagure, — n'est que la moitié d'un crabe, d'un crustacé. Sa queue manque de cuirasse. Il se la man-
gerait lui-même s'il le voulait, mais il sait que son
semblable, — le premier venu de ses oursins ou
de ses frères, — lui rendrait ce service fatal avec
le plus grand empressement. Aussi, maître Bernard se gare-t-il. Il habille sa nudité d'un paletot
de pierre. L'art de bâtir n'étant pas dans ses moyens,
il achète une maison toute faite... de la monnaie
des conquérants.

La raison du plus fort est toujours la meilleure...

Il mange au besoin le possesseur, et la maison lui appartient : ce n'est pas plus difficile que cela. On dit même qu'au figuré il n'y a pas mal de *Bernards d'affaires* qui ne font pas autrement chez les humains; mais, quant à moi, je n'en crois rien : des animaux d'ordre inférieur peuvent seuls agir ainsi.

Il est vrai que les nations, — comme les hommes, — vieillissent...

O pêcheurs et baigneurs, rassemblez une vingtaine de Bernards l'ermite dans un aquarium, observez-les beaucoup, et vous croirez voir... de petits hommes.

Ote-toi de là que je m'y mette! est pratiqué en grand. C'est un principe dit *conservateur.*

Si vis pacem, para bellum, a été inventé par eux. En conséquence de quoi, dès que deux généraux — non! deux *pagures* — se rencontrent, ils se regardent de travers, se tombent dessus, et... le plus fort dévore l'autre! C'est plus simple que chez les humains... les ermites sauvages ne font tuer aucun de leurs semblables pour les coquilles qu'ils convoitent!...

C'est ainsi, ô baigneurs, que l'on peut faire un cours d'histoire... en regardant dans une flaque d'eau.

Fig. 69. — Combat de Bernards l'ermite.

Si nous quittons notre petite mare, tout intérêt n'est pas effacé : sous nos pas, dans le sable, grouillent, sautent, bondissent, s'éparpillent des milliers de petits insectes. Ce sont des *puces de mer* ou *ta-*

litres, — non des insectes, mais des crustacés. Ils sont si nombreux qu'il n'y a qu'à se baisser pour en prendre...

Bah! tous ont fui! C'est qu'ils ont une bonne queue, et il faut une véritable chasse active et prolongée pour saisir un pauvre talitre, tant il a d'ha-

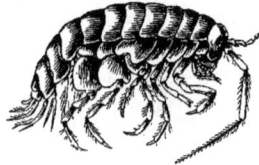

Fig. 70. — Talitre sauteur ou puce de mer.

bileté à vous échapper et tant, — vu de ses deux gros yeux, — vous lui faites peur! Ces animaux sont d'ailleurs de singuliers êtres, nageant couchés sur le côté, comme la *crevette des ruisseaux d'eau douce,* et sautant, non sur leurs pattes mais sur leur queue, quand ils sont à terre. Ils vivent à volonté dans l'eau et dans un sable brûlant.

Agents incorruptibles, infatigables, de la salubrité générale, ils absorbent sans relâche toutes les particules organiques rejetées par l'eau ou qui ballottées par elle pourraient l'empoisonner : leur multitude supplée à leur force. Malheureusement ils sont si faibles, si faibles! que *tout le monde* de la plage les mange.

Dans les mêmes petites mares herbeuses, mais plus au bas de la grève, on trouve des espèces de petits poissons roides, en forme d'anguilles, munis d'un bec qui s'allonge comme un tube dont la mâchoire inférieure, — par une disposition particulière, — ferme l'extrémité.

Ce sont des *syngnathes*, les êtres les plus inoffensifs de la terre. Doués de mouvements lents, comme endormis dans leur sécurité, la nature a dû les doter d'un mode de défense spécial pour les soustraire à la voracité des autres poissons. Effectivement, aucun ne les attaque, ce que l'on peut attribuer, — mais sans en avoir de preuve certaine, — à une odeur particulière et repoussante dont ces êtres seraient imprégnés.

Pour nous, hommes, ils ne sentent rien.

Maintes fois j'en ai jeté des fragments à des poissons apprivoisés, *vieilles, turbots, vives, grondins* : trompés par l'habitude, ces poissons s'élançaient sur les tronçons qui descendaient en tournoyant dans l'eau... S'ils les avalaient, ils les rejetaient immédiatement avec dégoût; s'ils avaient le temps de les sentir, toujours ils s'en détournaient dédaigneusement...

Je ne sais s'ils répugnent de même à tous les autres animaux, mais je crois me souvenir que les canards en font joyeusement leur proie. Dans tous les cas, je rapporte ces faits pour que les pêcheurs ne s'avisent point d'essayer d'en amorcer leurs hameçons.

Nous n'avons point à revenir ici sur ce que nous avons dit au chapitre des crabes, et à celui des crevettes, mais il faut appuyer sur ce fait, qui domine la *maraude* si intéressante de la *plage*. Vous tous, grands et petits, — car tous les âges peuvent lire dans le livre toujours ouvert de la nature, — qui voulez étudier les merveilles de la mer par les spécimens qu'elle laisse sur ses bords, souvenez-vous qu'il ne suffit pas de ramasser ce que l'eau a pu abandonner sur le rivage. Plus de soin est indispensable. Il faut poursuivre les animaux divers dans les retraites qu'ils savent pratiquer ou choisir; il faut remuer les pierres amoncelées, sonder les fentes et les creux des rochers solides, relever les touffes tombantes des fucus et ne pas craindre de fouiller dans le sable ou dans les vases.

Il n'existe pas un endroit de la plage qui ne soit
habité.

Le sable donne asile à des poissons, à des coquillages, à des vers
d'espèces variées et
de mœurs curieuses;
la vase est sillonnée
en tous sens par
d'aussi nombreux ou-
vriers; les bois, les
pierres les plus dures
renferment leurs co-
lonies innombrables;
partout la vie se ma-
nifeste, partout donc
il faudra fouiller.

Fig. 71. — Actinie installée sur la coquille
d'un *Bernard*.

Le crabe lui-même,
quand il ne trouve
pas de pierre pour se mettre à l'abri, s'enterre
à demi dans le sable pur et attend là que la mer
revienne le mettre à flot... Non seulement il y
reste, mais il y attache avec lui l'*anémone de
mer*, parasite fixé à sa carapace, et qui attend
patiemment que son porteur la ramène à l'eau,
ou que l'eau revienne chercher d'elle-même les

deux créatures si singulièrement accouplées.

Les lignes rapides que nous écrivons ici ne peuvent comprendre une énumération, — même approximative, — des milliers d'animaux que le touriste étudiera sur le rivage, alors que les bains de mer lui laisseront un peu de répit; nous ne faisons qu'indiquer les trouvailles les plus communes et les plus faciles à faire. Celles-ci conduiront à d'autres, si toutefois l'esprit du maraudeur s'intéresse à cette magnifique ordonnance des vitalités répandues à profusion autour de lui.

Sur les roches à fleur d'eau que la mer vient de quitter, sous les grandes pierres penchées qui gardent l'ombre et la fraîcheur à leur surface inférieure, vous apercevrez de petites masses charnues, de grosseur variable et de couleurs différentes, brunes, rouges, vertes, grises : ces masses sont immobiles et collées au rocher par leur base; elles ressemblent assez bien à une grosse loche de jardin ratatinée sur elle-même.

Passez l'ongle entre la masse et le rocher, détachez cela.

Portez-le dans un aquarium ou dans un verre

rempli d'eau de mer, et alors un charmant spectacle s'offrira à vos regards.

L'*anémone* ou *actinie*, — car cette petite masse est un animal endormi volontairement, — s'éveillera.

Au sommet de la petite masse se creusera une sorte d'orifice qui ira s'élargissant comme une fleur qui s'entr'ouvre... Puis un pétale sortira, un second, un troisième, dix, vingt à la fois, et la couronne de ces pétales représentera une bizarre fleur aux couleurs pures et vives. Ces pétales sont les tentacules, les bras de l'anémone, les organes au moyen desquels elle appréhende sa proie pour la maintenir dans sa bouche, dont l'ouverture est au centre de la couronne. Vous verrez des actinies dont les tentacules sont blancs et transparents comme de petites vésicules pleines d'eau ; celle-ci les a vert tendre comme des serpents onduleux ; celle-ci porte une garniture de perles bleu de ciel et des bras rouges comme le sang... Toutes ont une parure plus gracieuse les unes que les autres. Quelques-unes sont très grosses, quelques autres sont très petites, comme celles du midi de la France, de la baie d'Arcachon, dont le cœur jaune d'or et les bras blancs simulent absolument une pâ-

querette en miniature ou la fleur d'un chrysan-
thème nain.

Si nous possédons dans notre bagage une forte
loupe, — ou mieux, un microscope de médiocre
puissance, — alors le champ de l'observation s'ac-
croîtra d'une manière indéfinie!

Ce serait une erreur de croire que les enfants
et les jeunes gens des deux sexes ne s'intéressent
pas aux miracles de la vue microscopique : pour
eux il n'existe pas de plus splendide lanterne ma-
gique. Ne leur demandez pas d'approfondir ou
d'expliquer les choses qu'ils voient; mais leur ardeur et leur curiosité sont extrêmes, insatiables,
et cette petite fenêtre ouverte pour eux sur l'infini les attire plus que tous les jeux possibles!

C'est au point que quand mon microscope est
au point il me faut employer les grands moyens
pour ne pas être escaladé par la joyeuse troupe. Je
suis obligé de mettre de l'ordre dans la représen-
tation, de faire passer d'abord les plus turbulents,
et de les arracher à l'oculaire, — où ils ont tout
à coup pris racine, — pour permettre à leurs amis

de regarder à leur rang!... Encore demandent-ils souvent un tour de faveur!...

C'est avec le secours du grossissement que l'on pourra se donner le spectacle de la merveille de nos mers, la *cellulaire aviculaire*.

A la vue simple, c'est un petit arbuscule en miniature de quelques centimètres de hauteur, et que l'on trouve à basse mer, lors des plus fortes marées, fixé sur la tige des grandes algues.

Avec le microscope, le spectacle change : l'arbre n'est plus un arbre, mais bien un polypier, c'est-à-dire la demeure commune, — ou plutôt le squelette commun, — d'une immense pléiade d'individus. Les branches sont des séries de cellules allongées en trapèze, dans chacune desquelles vit un petit polype à bouche étoilée comme celle des anémones. Mais ceci n'est rien...

Chaque cellule porte à son extrémité supérieure et sur le côté, alternativement à droite puis à gauche, un appendice qui représente parfaitement une tête d'oiseau avec le cou coupé et soudé à la cellule... Cette petite tête ne porte pas d'œil, mais elle possède un bec, qui s'ouvre et se ferme alternati-

vement, tandis que la petite tête se baisse, se relève et semble faire un salut à celle qui la suit, et
qui s'empresse de lui rendre sa politesse!...

Et cela va ainsi, les têtes becquetant et saluant
régulièrement et sans cesse... Les habitants des
cellules sont morts, le polypier est desséché, que
les têtes d'oiseau marchent toujours!

Que font ces têtes?... A quoi servent-elles?... Nul
ne le sait.

Que nos amis les baigneurs ne s'imaginent point
que pour approvisionner leur microscope d'émer-
veillements sans fin il faut se donner beaucoup de
peine et passer de longues heures en recherches
pénibles. Point. Sur la première coquille venue,
sur un fragment d'épiderme détaché des plantes
marines, sur n'importe quel corps, quelle épave
ayant séjourné quelque temps dans l'eau, il remar-
quera facilement une sorte de croûte, mince, rude,
par plaques interrompues... Les pêcheurs la nomment *teigne de mer*. Nous, nous lui donnerons le
nom de *Lepralia* et, sous la lentille grossissante,
nous tomberons en extase devant cette quantité
prodigieuse, innombrable, infinie, de cellules en
rangées régulières, en séries concordantes comme

les écailles d'un poisson ou les tuiles d'un toit...

Et ces cellules revêtent les formes les plus délicates et les plus variées : les unes ressemblent à de
la dentelle d'un tissu tel que les fées seules peuvent en filer de semblable, les autres forment des
chaires, des balcons, des moucharabis ornés de
pointes saillantes, de balustrades, de pendentifs,
derrière lesquels les petits êtres qui habitent là dedans se tiennent immobiles et cependant mobiles
par leurs bras frangés..., ils attendent là que leur
temps soit fait! Et, sur une même coquille, ils sont
innombrables... Et tout ce qui touche à la mer en
est inondé!... Et...

L'esprit s'abîme dans cette énumération de l'infini dans l'infini.

Tout semblables aux *Lepralia,* les *Flustres* sont
des polypiers qui, au lieu de se coller sur une
face d'objet quelconque, se collent sur eux-mêmes.
Ce sont deux faces de *Lepralia* réunies dos à dos
par une substance comme cornée, résistante et
élastique. On en trouve fréquemment des fragments
sur le sable, surtout après un coup de vent qui a
détaché et broyé ces êtres dans les convulsions de
la mer. On dirait des fragments de parchemin dé-

coupé comme une main, ou des feuilles irrégulières.

Passez le bout du doigt sur cette singulière feuille,
Madame, et vous sentirez une surface analogue à

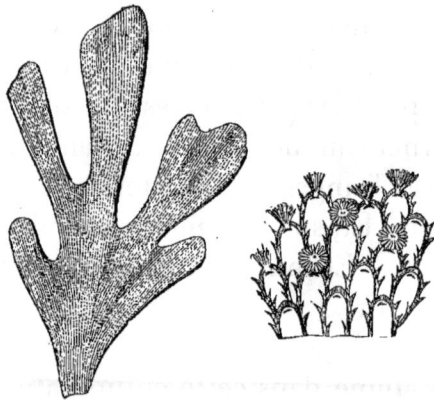

Fig. 72. — Flustre foliacé et une parcelle grossie, pour faire voir les petits animaux
de quelques cellules, les uns de profil, les autres de face.

celle d'une fine râpe, à celle du papier de verre.
C'est que chacune des petites cellules qui composent notre polypier a les bords garnis de quatre
épines, deux de chaque côté, et voilà pourquoi
votre doigt sent une surface âpre et rugueuse.

Et après celui-là étudié, ami pêcheur, souvenez-
vous qu'il y en a cent, qu'il y en a mille, dix mille
autres, aussi intéressants, que dis-je? aussi merveilleux!

A l'œuvre donc! Cela grandit le cœur de voir
face à face l'immensité!

Avec le microscope, les admirations de l'obser-
vateur n'ont pas de fin; mais revenons, encore un
peu, aux objets visibles à l'œil nu.

Si vous vous promenez sur le sable alors que la
mer descend, vous trouverez, sans nul doute, cer-

Fig. 73. — Méduse rhizostome.

taines masses gélatineuses et transparentes qu'elle
a abandonnées sur le rivage. Ce sont des *méduses*.
Il ne faut pas les regarder là, mortes et meurtries :
il faut, au moyen d'une barque et d'un petit filet
à main, vous mettre à leur poursuite sur les eaux,
les recueillir doucement et les déposer à vos pieds
dans un vase rempli d'eau de mer. Alors... dame!
alors... si vous n'admirez pas, c'est que vous avez

l'imagination bien paresseuse et le cœur cuirassé
d'airain!!

Dans cette eau, se soutient une élégante ombrelle
presque incolore, mais délicatement frangée de
violet pâle; à son sommet, une croix grecque régulière et dessinée dans la substance se montre avec
la même couleur aux reflets tendres..... Du bord

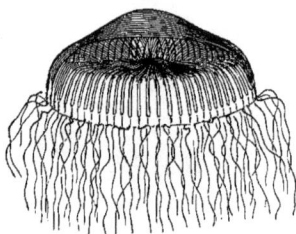

Fig. 74. — L'équorée bleue.

de l'ombrelle descendent de grands filaments vio-
lets, oscillant, se tordant, se roulant, s'allongeant
et se raccourcissant sans changer de grosseur d'une
façon appréciable..... Au milieu, quatre larges fes-
tons pendent, obéissant à des mouvements analo-
gues.

Tout cela est déjà bien admirable, mais ce n'est
rien en comparaison du mouvement qui maintient
la vie en ce chef-d'œuvre. Figurez-vous un cœur

qui bat régulièrement, qui se contracte avec une élégance suprême, une aisance inouïe, au milieu de l'eau dans laquelle il se balance, et vous aurez une faible idée de la méduse bleue vivante à la surface de la mer!!...

Cherchez, pêcheurs! cherchez, baigneurs! Et vous trouverez.....

Fig. 75. — Physale.

Cherchez les *équorées*, les *physales* et mille autres qui voguent dans les vagues, portées par le vent, le courant, la mer, vers l'inconnu! Où vont ces organismes si frêles, si curieux, si variés?... nul ne s'en inquiète! Ils voguent... ils vivent... c'est tout!

Un coup de vent en inonde les plages... ils meu-

rent, pompés par le soleil, absorbant l'humidité
qui gonfle leurs tissus et les fait vivre, et ne laisse
de leur corps qu'une trace de matière solide à peu
près invisible!... Ils ont vécu...

Nous avons eu soin jusqu'ici de négliger les *algues*, cette merveilleuse végétation des eaux, sur
laquelle il nous aurait fallu écrire un volume.

Plantes qui commencent par être animal, puisqu'elles portent des graines douées de mouvements
volontaires. Phénomène si merveilleux, qu'en sa
présence on se demande anxieusement où commence, où finit la vie?... si insondable, que nul ne
répond à cette question redoutable.

Depuis les *fucus* innombrables qui habillent d'un
manteau brun tous les rochers de la plage et y
constituent le *varech,* jusqu'aux délicates *algues*
rouges qui nous viennent des grands fonds, tout
est singulier, tout est curieux soit par ses relations,
soit par sa croissance, soit par son organisme entier.

Dans les petites mares du rivage, le promeneur
reconnaîtra les *Plocamiums* avec leurs petits ra-
meaux roses contournés en doigts comme une main

fermée : il cueillera la *Padine, queue de paon* aux
formes gracieuses; il fera provision de *Chondrus
crispus, Chicorée de mer* ou *mousse d'Islande* que
l'on mange, et avec laquelle on produit une excellente gelée que la ménagère aromatisera de vanille, de citron ou de café, suivant l'arome préféré.
On trouvera aussi l'*Iridée comestible,* aux splendides reflets d'azur et d'émeraude sur pourpre foncé.

On en trouvera mille encore.....

Sans compter les algues délicates que toutes les
jeunes filles savent recevoir sur un papier mouillé
pour en composer des albums délicieux! Ce sont
les *Céramies diaphanes, plumeuses,* et cent autres,
charmant et féerique travail d'une délicatesse inouïe,
créé dans l'immensité de l'Océan!...

Mais je m'arrête. La mer m'entraînerait trop
loin...

Et d'ailleurs, je veux laisser aux chercheurs de
bonne volonté un peu de champ pour l'imprévu!

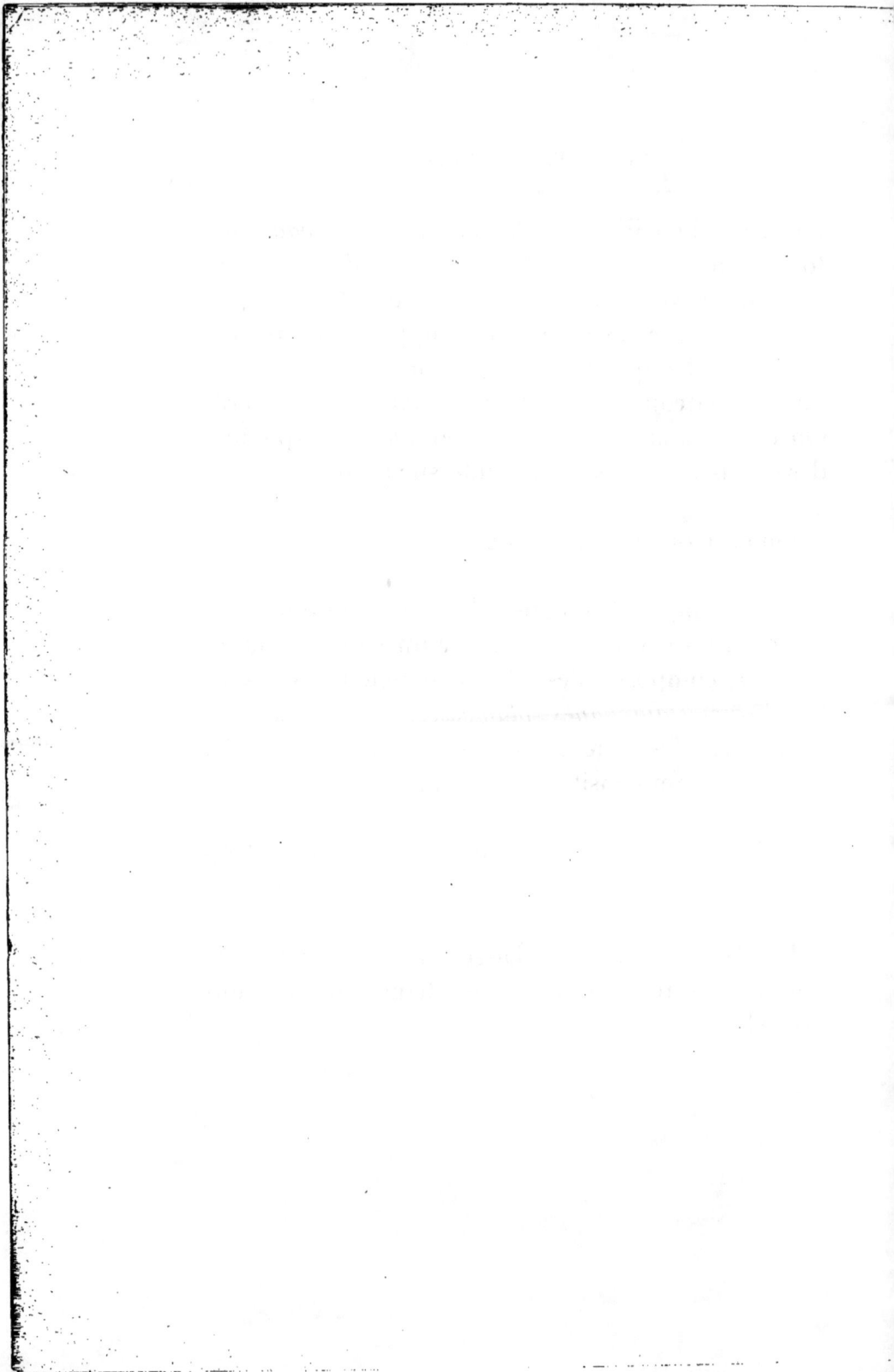

CONCLUSION

La tâche que nous nous étions imposée est achevée : du moins, nous le croyons.

Il s'agissait de démontrer aux citadins qui fréquentent nos plages maritimes à l'époque des bains de mer qu'il y avait autre chose à faire dans ces lieux, que bâiller et s'enfermer dans un casino pour y dévorer des brochures.

Puissions-nous avoir réussi!

La pêche à la mer est un exercice que chacun peut graduer à son gré, selon ses forces, selon ses goûts, selon les âges des personnes qui l'accompagnent. Le père de famille se contentera de la *maraude sur la plage* pour ses enfants encore petits, mais combien de merveilles n'y trouvera-t-il pas à leur faire admirer! Plus tard, il leur permettra la pêche à la ligne, — celle des *sables* sera la première peut-être, — et enfin, quand l'âge aura fait de ses fils des compagnons chéris, il leur fera suivre quel-

ques-unes des pêches en bateau que nous avons
décrites.

Il n'y a que le premier pas qui coûte!

Combien avons-nous vu de femmes qui refusant
longtemps de prendre part et même intérêt à nos
pêches à la crevette, ont fini par s'y aventurer un
jour, et sont sorties de l'eau fanatisées, ne rêvant
plus que *haveneau, soles, plies, crevettes* et *carrelets!...*

C'est que la réussite est un appât auquel tout le
monde se laisse prendre!

Les crevettes que l'on a pêchées *soi-même* sont
bien meilleures que celles que l'on achète au marché.

Un obstacle seul devrait retenir sur la plage
hommes et femmes aux bains de mer, c'est la
mauvaise santé. Hors de là, aucun d'eux n'a d'ex-
cuses.

Le grand air, même en plein soleil, alors qu'on
s'abrite la tête sous de larges et légers chapeaux de
paille, le contact de l'eau salée, qui ne refroidit pas

comme l'eau douce parce qu'elle s'évapore beaucoup moins vite, forment un ensemble de causes
vivifiantes et toniques auxquelles tous les organismes sont sensibles.

La santé est là.

Des vêtements larges et sans luxe, l'entrain, la
bonne humeur, de longues courses sur le rivage,
un plantureux repas au retour, le sommeil bien-
faisant à la suite... mais tout cela ressusciterait un
mort!...

Allez donc, baigneurs, à la mer pour pêcher...

Allez-y encore, pêcheurs, pour aimer et admirer
la nature!

FIN.

TABLE DES MATIÈRES

FIN DE LA TABLE.

TYPOGRAPHIE FIRMIN-DIDOT & Cⁱᵉ

MESNIL
- SUR -
ESTRÉE

EURE

www.ingramcontent.com/pod-product-compliance
Lightning Source LLC
Chambersburg PA
CBHW070344200326
41518CB00008BA/1131